JN015275

まちなか植物はこうして生きている

道草ワンダーランド

多田多恵子

NHK出版

はじめに

prologue

この本を手に取ってくれたあなた。
ちょっと目を閉じて想像してみて下さいね。
日差しのぬくもり、心地よいそよ風。
どこからか甘い花の香り。
小鳥の声も聞こえるかな。
手を伸ばして、葉っぱをそっとなでてみましょう。
すべすべ、ふわふわ、
やわらかな手触り。
想像してみるだけで、ほら、
なんだか気持ちも軽くなって、
外に出たくなったでしょう?

いつもの道も視点を変えて歩いてみると、いろんな植物、いろんな発見に出会えます。なにも特別な場所に行かなくても、そこらの野山でも公園でも、いえ、まちなかでもＯＫです。よくみれば敷石のすきまに、ちっちゃな雑草が生えています。小さな花に目を近づけて、虫の目で覗いてみれば、生きる知恵に輝いています。庭や畑の草や木にも、ふだん気づいていない知恵や工夫が隠れています。

この本では、雑草や野の花、庭の花や植木など身近な植物を、私が撮影した写真を使って、科学的な視点から観察し、植物の生きる知恵や工夫を探っていきます。

テーマ別に春、夏、秋、冬に並べてありますが、どうぞお好きなところから読んで下さい。難しい植物用語は避け、誰でも予備知識なしに楽しく読めるように書きました。やさしく書いてはいますが、内容としては生物学や植物生態学を基礎に、植物の魅力的な生き方をさまざまな角度からオリジナルな観察も含めて解説しています。植物に詳しい人にもこれから親しんでみようという人にも、植物の生き方への理解が深まることでしょう。そうか、そうだったのか、という植物の生き方への理解がきっと得られると思います。とっておきの写真をふんだんに使ったので、写真をながめるだけでも満足のいく本になったと思います。

遠くに行けなくても、私たちのすぐ身近にワクワクする植物の世界があります。さあ、探検に出かけましょう。

植物のワンダーランドにようこそ。道草をたっぷり楽しんでください。

contents

巻中付録

第一章 春の道草

Spring

ツクシ（スギナ）

ツクシはシダ植物のスギナの胞子をつくる器官。懐かしい春の味でもある。

アセビの新芽。ツツジ科の常緑樹で、早春に白い釣り鐘形の花が咲き、その後に新芽が赤く萌え出る。

新芽の赤

アセビ、カナメモチ、アカメガシワ……。新芽が赤くなる木はけっこうあります。バラの新芽も赤いし、ヤマザクラの若葉も赤褐色です。新芽が赤い理由は何なのでしょう。

UVカットのサングラス

葉は植物の大切な工場です。葉の細胞には「葉緑体」という緑のカプセルが詰まっていて、ここで「光合成」、つまり太陽の光エネルギーを使って体に必要な成分やエネルギーをつくるという工程が行われます。

しかし、広げたばかりの新芽の葉は柔らかく未熟で、分裂をくり返している葉緑体やその中枢を担うDNAは赤ちゃんのように無防備です。強すぎる太陽光、特に紫外線（UV）にさらされると取り返しのつかないダメージを受けてしまいます。

そこで植物は、紫外線よけの「サングラス」を大切な新芽にかけています。赤い色素の「アントシアニン」もサングラスの一つで、強い紫外線を防ぎます。植物たちは新芽や若い葉をアントシアニンで赤く染めて、紫外線から守っているのです。

コブシやモクレンのように冬芽や幼い葉にフワフワした毛が密生している植物もよく見かけますが、こうしたフワフワの毛もUVカットのサングラスの役割を果たしています。

葉が成長すればサングラスは不要になり、アントシアニンも合成されなくなって葉は緑に変わります。

赤いのはどの部分？

カナメモチはバラ科の赤い新芽が美しい常緑樹で、よく生け垣に植えられています。若い葉は透き通るような赤い色で、表も裏もすべすべしています。

色素はどこに含まれているのでしょう。カミソリの刃で薄く切り、断面を顕微鏡で観察してみました。四角い仕切りは細胞です。葉の内側の細胞が赤く染まっていました。アントシアニンは細胞内の貯蔵庫（液胞）に蓄えられていたのです。

アセビやヤマザクラ、モッコク、バラなどの若葉も、カナメモチと同様にアントシアニンを細胞の貯蔵庫にためています。

ちょっと違っていたのは、アカメガシワです。赤い若葉は毛のセーターのようにフワフワで、指でこすると、あら、びっくり、毛がはげて、緑の葉っぱになっちゃった！

ルーペで見ると、赤いのは若葉の表面を覆っている毛で、その毛はイソギンチャクのような形をしていました。葉が育つにつれて毛がまばらになって、色も赤から次第に緑になります。

さあ、春です。身近な草木にもたくさんの知恵や工夫があります。木々の新芽もきらきら光ってあなたを誘っていますよ。

知ってる？
カナメモチはバラ科の常緑樹。材が硬くて昔は扇の要に用いたのが名の由来。
芽が赤いのでアカメモチとも呼ばれます。

アカメガシワの新芽

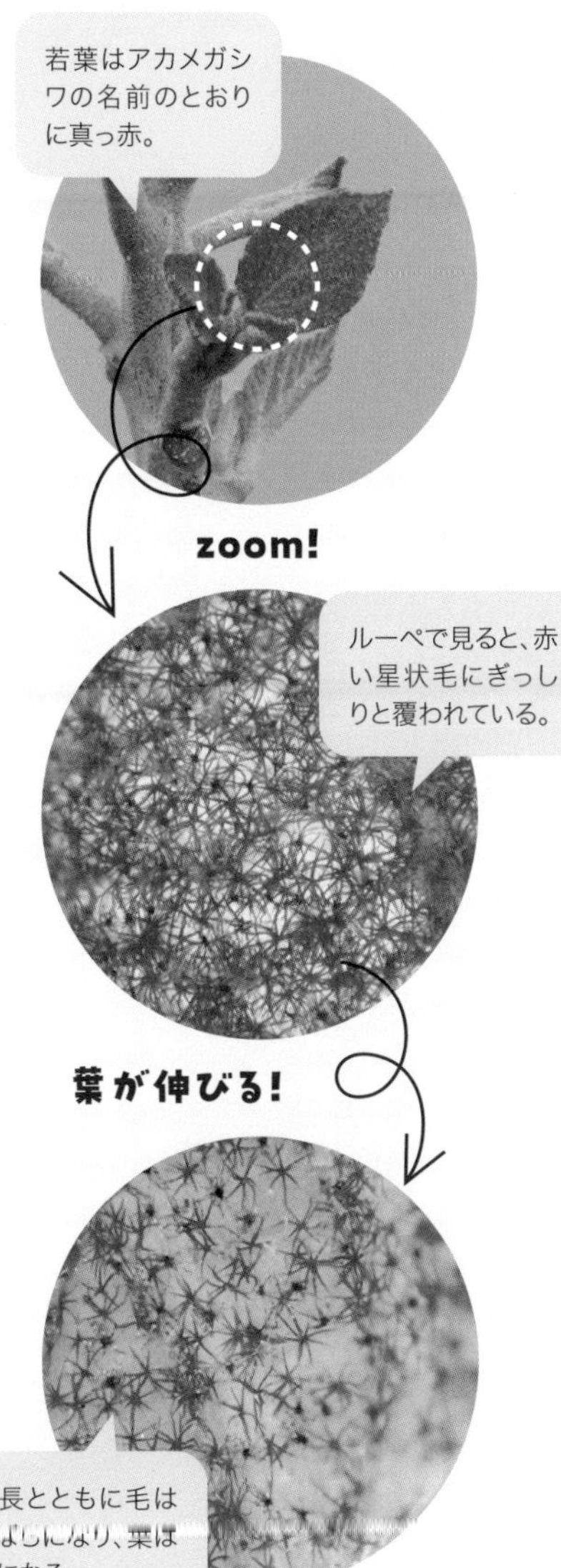

若葉はアカメガシワの名前のとおりに真っ赤。
zoom!
ルーペで見ると、赤い星状毛にぎっしりと覆われている。
葉が伸びる!
成長とともに毛はまばらになり、葉は緑になる。

Spring Part 1

カナメモチの新芽

カナメモチの赤い若葉。内部はどうなっているのだろう。

顕微鏡で見た葉の断面。赤い細胞がまじっている。

花壇に並んだ色とりどりのチューリップ。暖かな日差しを浴びて、どの花も笑っているみたい！

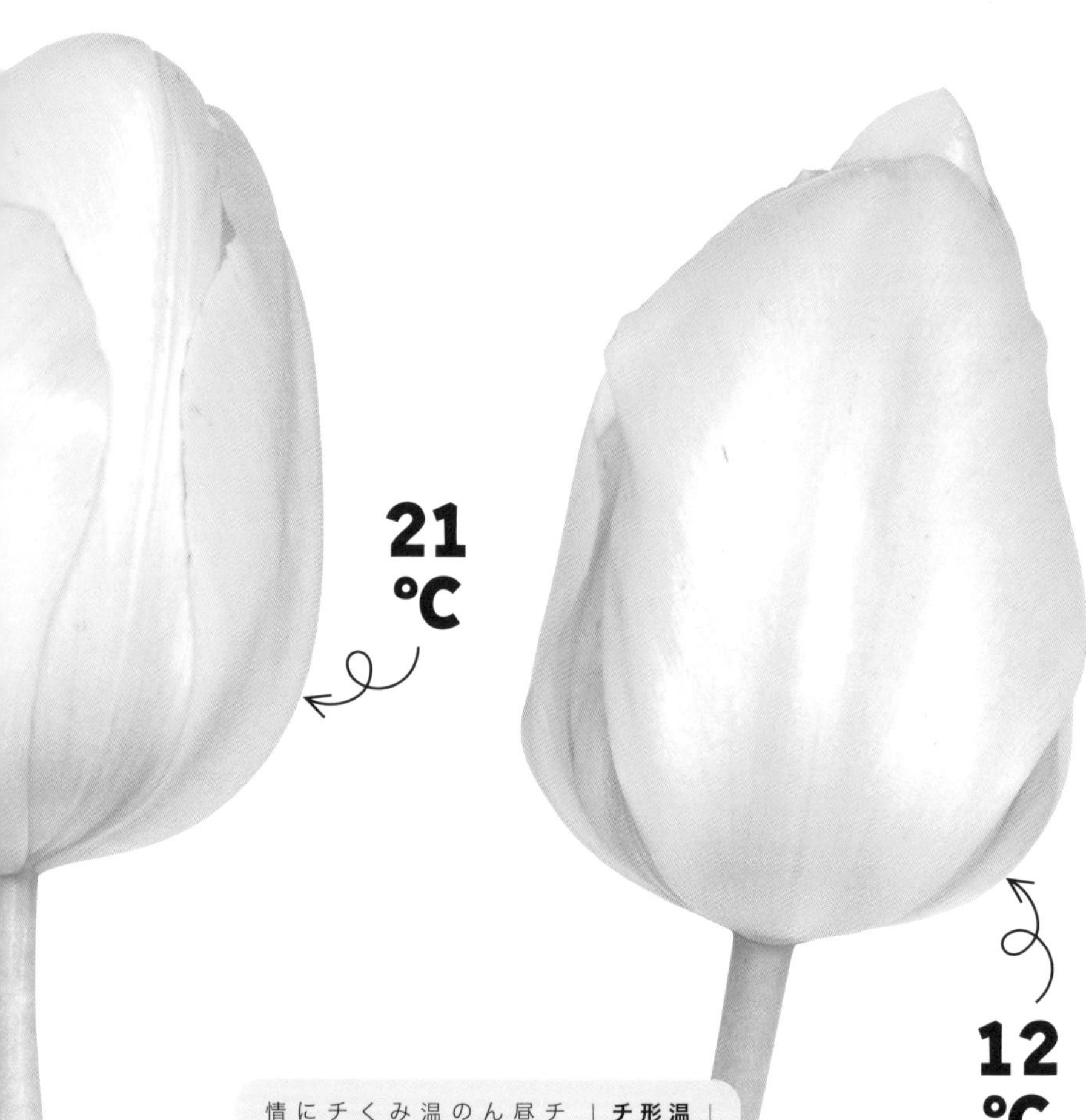

温度で形が変わるチューリップの花

チューリップの花は昼夜で開いたりすぼんだりしています。花の開閉に関わるのは温度で、寒いとすぼみ、暖かくなると大きく開きます。切り花のチューリップも室温によってこんなに表情が違います。

咲いた、すぼんだ、チューリップの花

24℃

カタクリ

早春の山の花。夜はすぼんでいた花は、気温が10℃以上で開きはじめ、17~20℃で全開して反り返る。円内は寒い日の様子。

フクジュソウ

花は温度に反応して開閉する。花はパラボラアンテナの形で陽光を集め、中心部は外気温より10℃以上暖かい。虫ものんびりひなたぼっこ。

知ってる?

カタクリの球根からとったデンプンが元来の「片栗粉」です。
現在はジャガイモが使われています。

キクザキイチゲ

北国の落葉樹林に生えるキンポウゲ科の小さな多年草。花の色は白から薄紫、淡いピンク色などで、晴れて暖かな日に開く。寒い日や朝夕にはすぼんでいる。

アマナ

早春の里山に咲く球根植物で、チューリップに近い仲間。陽光が降り注ぐと花びらは全開になり、日が傾くとみるみるすぼむ。天気が悪い日はすぼんだままだ。

開いてすぼんで、長く咲く

チューリップは中央アジア原産の球根植物。色とりどりの花が春の花壇を元気いっぱいに彩ります。

幼子が最初に覚える花、絵に描く花。下が丸いギザギザのコップにまっすぐな茎。根元に2枚葉っぱをつければ、ほら、かわいく描けました。一筆書きもできますね。

でもチューリップは、いつも絵に描いたような形とは限りません。どんより曇った日や雨の日は、花びらをすぼめて閉じてしまい、曇りの日も半開き。春らんまんの晴れて暖かな日に花はふっくらと開きます。

花を閉じて花を守る

夜に見ると、チューリップの花は、花びらをきっちりと閉じています。

チューリップが咲くのは春の初め。夜間の冷え込みや遅霜や雪に襲われて大切な雌しべや雄しべが傷んでは大変です。花粉を運ぶ虫たちも夜間や寒い日は活動しません。花は凍結の危険を回避しつつ、客が集まる暖かな日和を選んで店のシャッターを開くのです。

気温の低い時期なので花も長もちし、1週間から10日ほど、昼夜で開閉を繰り返しながら咲きますが、最後は大きく開きっぱなしになると、ほどなく花は散り果てます。

アズマイチゲで実験

早春の寒い日。閉じていた花にペットボトルを使った即席のミニ温室をかぶせると、その花だけ開いた。

早春の山に咲くフクジュソウやカタクリ、アズマイチゲ、アマナなども晴れた日中に開いて天気の悪い日や夜は閉じます。これも同じ理由でしょう。

引き金は光？それとも温度？

チューリップの花の開閉のスイッチは、一見、太陽の光のように見えます。ところが実際は違うのです。

知人を喜ばそうとコートの下に隠していたチューリップの花束を取り出したときのことです。30分近くもぽかぽか温められていた花はどれもパチンコ台のチューリップさながらの全開状態。これにはサプライズを仕掛けた私もビックリしました。

黒いコートの中の暗黒条

知ってる？

アズマイチゲはキクザキイチゲと同じくアネモネ属。
イチゲは一華と書き、茎の先に花が一つ咲くことから。

満開のカタクリ

雪国の春。雪どけとともにオオヤマザクラ、ユキツバキ、イカリソウなど、花々は一斉に咲く。新潟県南魚沼市。

件でもチューリップの花は開きました。花の開閉をコントロールしているのは光ではなく、太陽の光を浴びて上昇する花びらの温度だったのです。

それではと、異なる室温に切り花を置いてみました。12℃だと花はすぼみ、24℃では大きく開きました（P12〜13）。

開閉の仕組みは電気部品のバイメタルサーモスタットに似ています。花びらは内外二層からなり、温度が上がると内側の細胞が伸びて花が開き、温度が下がると外側が伸びて花が閉じるのです。開閉するたびに花びらは長くなります。

愛らしい花にもハイテク技術と生きる知恵が隠されているのですね。

春の道草 その3

Spring Part 3

春爛漫の土手の道。足元にスミレの花束が、こんなにいっぱい!

スミレ

名に何もつかない「スミレ」という名のスミレで、古く万葉時代から人々に愛されてきました。高貴な紫色の花と細長い葉を地際から伸ばし、まるで大地から贈られたブーケのよう。明るい土手や野原に生え、都会の公園や道端でも見られます。

T.Yamada

この花の色が
本物の
「スミレ色」!
スミレの不思議
二つの顔を
もつ花

薄紫色の花が可愛いタチツボスミレ。5枚の花びらの後方には、天狗の鼻のような形の「距」が突き出て、横向きに咲く花のバランスをとっている。

花の後方にのびる天狗の鼻のような距（きょ）

スミレの仲間は、花の後方に天狗の鼻のような形の出っ張りがあるのが特徴です。これは花の一部が袋状になったもので「距（きょ）」といい、内部に蜜をためています。

スミレの仲間は日本に60種あります。花の色には紫色のほか、白や黄色もありますが、どの種類も距がある点は共通です。

園芸植物のパンジーやビオラももともとヨーロッパ産のスミレの仲間。だから、花の背後を見ると、ほら、あった。親指のような形の距が、背後に小さくついています。

知ってる？

タチツボスミレは「立壺菫」と書き、「壺」は平安時代の言葉で中庭という意味です。昔から身近な花だったことがうかがえます。

驚くほど長い距をもつナガハシスミレ。別名テングスミレ。タチツボスミレに似ているが、距は長さ2㎝を超す。日本海側の山に生え、日本固有種。

ナガハシスミレの長い距から蜜を吸うビロードツリアブ。春先に活動する口の長い虫で、停空飛行しながら蜜を吸う。

距の役割は？ 虫を選ぶ役割も

何のために距はあるのでしょう。よく見ると、スミレの花は細い柄に吊り下がっています。距は、バランスを保つおもりになっているのです。距にはもう一つ、客の選別という重要な役目があります。筒状の距から蜜を吸えるのは、細く長い口をもつマルハナバチやビロードツリアブだけ。距に蜜をしまうことで、よく働くリピーターを選び、気まぐれなハナアブなどは入店お断りにしているのです。

花粉が運ばれると実ができ、熟すと裂けてタネを飛ばします。スミレのタネは、栄養満点のぷるぷるゼリー（エライオソーム）のおまけつき。アリはタネを巣に運び、おまけだけ食べてあとは捨てます。スミレは敷石や石垣のすき間によく生えていますが、それはアリがそうした場所によく巣をつくっているからです。

夏や秋になぜ実が？開かない蕾の謎

スミレをずっと見ていると、不思議なことがあります。花が咲くのは春なのに、夏や秋にも実ができるのです。どういうことでしょう？

じつはスミレの仲間は、春の花が終わったあとも、蕾の形をした小さな花を秋まで次々につくります。この花の内部では雌しべと雄しべがじかに接して受粉し、そのまま実に育ちます。閉じたままの花なので「閉鎖花」と呼んでいます。

閉鎖花は虫の存在なしでも受粉し、花びらも蜜も省けます。確実かつ低コストの繁殖ですが、生まれる種子はみな自分似です。

一方、春の花は、きれいな花びらや蜜で虫を誘い、ほかの株の花粉を運ばせます。宣伝コストはかさみますが、種子は遺伝的に多様で、環境変化や病気にさらされても生き延びるチャンスが増大します。スミレやその仲間は2つの繁殖方法を使い分けてうまく世渡りをしているのですね。

紫色のスミレや薄紫色のタチツボスミレは公園の隅や道端にも咲いています。探してみてくださいね。

都心の道端で見つけた野生のスミレの花のブーケ。スミレは里山の春を代表する花だが、都会でも歩道のすきまや石垣の間に咲いているのをしばしば見かける。すき間に巣をつくったアリがタネを運んで増えた。

知ってる？　タネにエライオソームをつけてアリを誘う植物には、ほかにホトケノザ、ヒメオドリコソウ、カタクリ、イカリソウ、エンゴサク類などがあります。

閉鎖花

閉鎖花からできた実

これはタチツボスミレ。夏から秋は閉鎖花をつくって自ら受粉。タチツボスミレの閉鎖花は茎の上につくので見つけやすい。

スミレのタネには白い付属物（エライオソーム）がついている。ゼリー質でアリが好む脂肪酸などを含み、アリはいそいそとタネを巣に運ぶ。

スミレの実とタネ。熟すと実は3つに裂け、乾くにつれてタネを1つずつはじき飛ばす。

春の道草 その4

花々がにぎやかに咲き競う季節。蜜や花粉を求めていろんな虫が花にきます。ところで、花の色や形はなぜこれほど多様なのでしょう。

花のレストラン
ハンショウヅルの花に
ぶら下がって蜜を吸う
トラマルハナバチ。
蜜は花の奥にある。

千客万来！ファミレスな花

ハルジオンに集まる小さな甲虫類のヒメマルカツオブシムシ（甲虫）。幼虫はウールや乾物類を食害する。

シシウドの花。ハエやアシナガバチ類、ハナカミキリ、ハナアブなどで連日、大繁盛だ。

花のファミリーレストラン

花と虫の関係は、レストランと客の関係に似ています。花のごちそうは蜜と花粉。客が支払う代金は花粉の輸送です。きれいな花びらやよい香りは客を誘う広告です。

花のお客さんは主に虫です。ミツバチやマルハナバチなどのハナバチ類、ハナアブ、ハエ、チョウ、蛾、ハナカミキリなどの甲虫、それにアシナガバチやアリ、蚊、ガガンボなどもごちそうを食べに花に来ます。

人間界のレストランにはファミリーレストランや専門店がありますが、花のレストランも同じです。さまざまな客を広く招くファミレスタイプの花があれば、客を選り好みする専門店タイプの花も存在します。

ハルジオンやタンポポ、シシウドの花はファミレスタイプでさまざまな虫が訪れます。花は上向きで広いので誰でも着陸でき、雄しべや蜜も丸見えなので楽にごちそうに届きます。こうした「ファミレス花」は白や黄色が多く、多くの虫に備わる、明るいほうに飛ぶという本能をくすぐって誘引します。

ファミレス花の常連はハナアブやハエ、甲虫、小さなハチなどです。いずれも数の多い庶民派ですが、手近な花に気ままに飛ぶ傾向が強く、同じ種類の花粉を運ぶ効率はあまり高くありません。

知ってる？ ハルジオンとヒメジョオンの花はよく似ていますが、茎を切ってみると、ハルジオンは空洞で、ヒメジョオンは中に白い髄がつまっています。

VIPのみ歓迎!? 専門店な花

ウラジロヨウラクは山に咲くツツジ科の花。愛らしいヒメマルハナバチが花にぶら下がって蜜を吸う。

ゲンゲの花はからくり仕掛け。下側の花びらを足で押し下げて蜜を吸うニッポンヒゲナガハナバチ。

客を選り好みする専門店

一方、専門店の花は払いのいい常連客を選び、それ以外は排除します。

釣り鐘形をしたツツジ科の花はハナバチ限定の専門店です。蜜を吸うには花にぶら下がって長い口吻を伸ばす必要があり、それができるのはハナバチの仲間だけなのです。

ゲンゲは入り組んだ花の奥に蜜を隠しています。ハチが花びらを足で押すと花が開いて蜜に届く、と同時に隠れていた雄しべと雌しべが飛び出して、ハチに花粉を媒介させます。

ハナバチを誘う花は、ぶら下がる、潜り込む、こじ開けるなど、アクロバットの試練を課すことで花粉をよく運ぶハナバチを選んでいます。花に紫〜赤紫色が多いのは、それが学習能力の高いハナバチ対応の色だから。なかでも大型のマルハナバチを客とする花にはアヤメやリンドウ、ホタルブクロなど大きく美しい花が多く見られます。

専門店の花はほかにもあります。白くて細い筒と香りをもつ花は夜の蛾のレストラン、真っ赤な花は鳥専用のレストランです。南国には花の蜜を吸うコウモリ専用の花もあります。

花のレストラン街には怪しい店も並んでいます。虫をだましたりして無理やり花粉を運ばせる悪徳商売の店があるのです。次はそのお話をいたしましょう。

花のレストラン街にも怪しげな店があったりします。花のレストランガイド第2弾、今回は悪徳商法の店に潜入します。

ボルネオの熱帯雨林で出会った世界最大の花、ラフレシア。この花の直径は約60㎝だった。腐肉に似せた色と臭いでキンバエをおびき寄せ、花粉をまんまと運ばせる。悪臭だが、短時間で鼻が慣れて気にならなくなった。

続・花のレストラン

腐った臭いでハエを誘惑

高山植物のクロユリの花は珍しいチョコレート色です。顔を寄せると、うわ、くさい！　体に花粉をつけたハエが飛んでいます。クロユリは悪臭でハエを騙し、ごちそうも出さずにタダ働きをさせているのです。

熱帯植物で世界最大の花として知られるラフレシアの花も赤っぽいチョコレート色で、クロユリに似た悪臭を漂わせます。妖しい悪徳の美に、私も引き寄せられてしまいました。

最も強烈なのは、夜の熱帯雨林に咲くショクダイオオコンニャクの花の臭い。動物の死体を擬態した腐乱臭でシデムシ（死体に産卵する甲虫）を集め、花粉を強引に運ばせます。

キノコのふりをする花

蛇が鎌首をもたげたようなマムシグサの花。茶色いフードの中では、小さな花が軸にぎっしり並んでいます。軸の先はこん棒状にふくらみ、これが臭い発生装置です。キノコの臭いにつられて、キノコバエはふらふらとフードの中に。でも、それは罠で、ごちそうもなければ、産卵することもできません。花の上をさまよい歩くうちに、キノコバエは花粉を運ぶ役目を果たします。

マムシグサには雄株と雌株があります。雄株のフードにはすそに小さなすき間があり、キノコバエは体に花粉をつけて外に出られますが、雌株にすき間はありません。キノコバエは花の受粉と引き換えに、花の罠に幽閉され、哀れ命を落とします。

クロユリは本州や北海道の高山に咲くユリ科の多年草。くさいにおいを放ち、ハエが飛んできて花粉を運ぶ。

雌のハチに化ける花

雌を装ってハチの雄を騙す花もあります。ビーオーキッドの花は細部までマルハナバチそっくり。しかも雌の性フェロモンを発散するので、雄バチは雌と信じて花と交尾し、花粉をつけられてしまいます。

オーストラリアのハンマーオーキッドも、雌のダミーと性フェロモンでハチの雄を翻弄します。雄は毛むくじゃらのダミー雌を抱えて飛ぼうとしますが、ちょうつがい状の構造によって振り子のように動いてしまい、待ち構えていた雄しべや雌しべに当たって無理やり花粉を運ばされます。この花の奇妙な立体構造は、巧妙に計算された罠なのです。

どこの世界にも悪徳商法はあるようです。怪しい誘いにはご用心を。

知ってる？　ラフレシアは寄生植物で、ブドウ科のつるの内部に白い体を這わせています。外界に姿を現すのは花の時だけです。

こんな悪徳商法に注意！

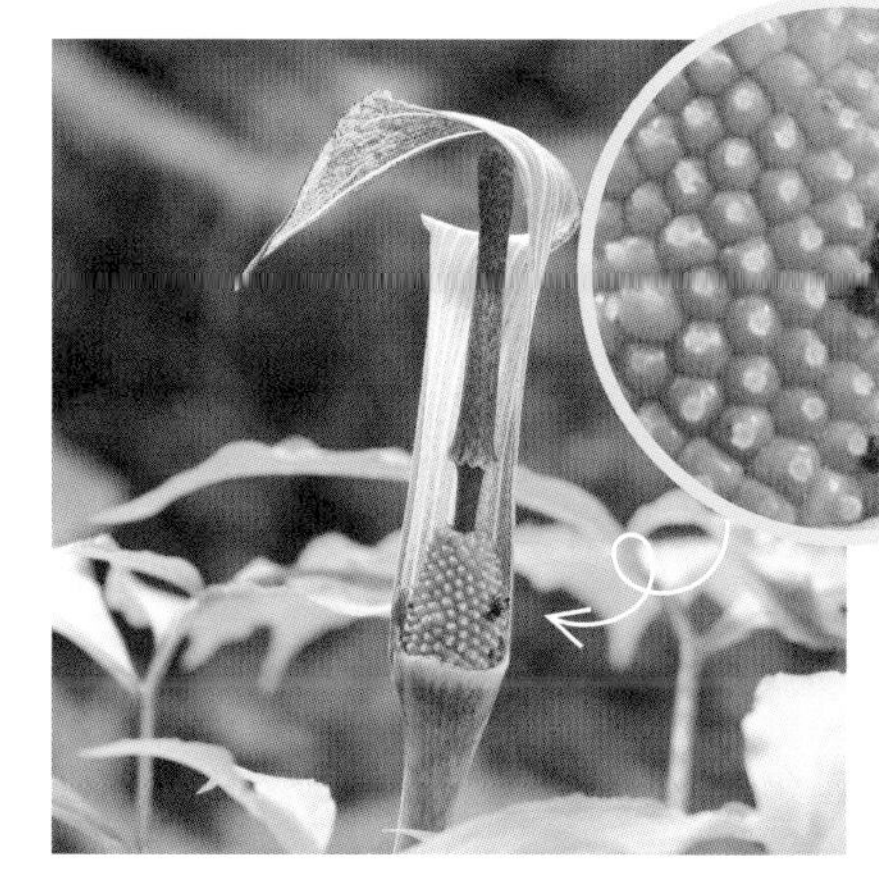

マムシグサ

サトイモ科の多年草。雌株のフードの手前部分を切除したところ。上方に野球のバットのような形をした「付属体」が伸び、一番下に雌花群。キノコバエが死んでいた。

ビーオーキッド（オフリス・ボンビリフロラ）

地中海沿岸地方のランの仲間。花の唇弁の部分はふさふさした毛までマルハナバチの全身の姿に擬態しており、雌の性フェロモンも出して雄のハチを誘惑する。

ハンマーオーキッド

花の唇弁は雌のツチバチに擬態している。雄バチは「雌バチ」を抱えて飛ぼうとするが、ちょうつがい状の構造により、雄しべと雌しべの待つずい柱に勢いよくたたきつけられてしまう。

身近な隣人タンポポ

タンポポの花を虫メガネでのぞいてみました。ごく身近な花でも、虫の目からみるとこんなに印象が変わります。

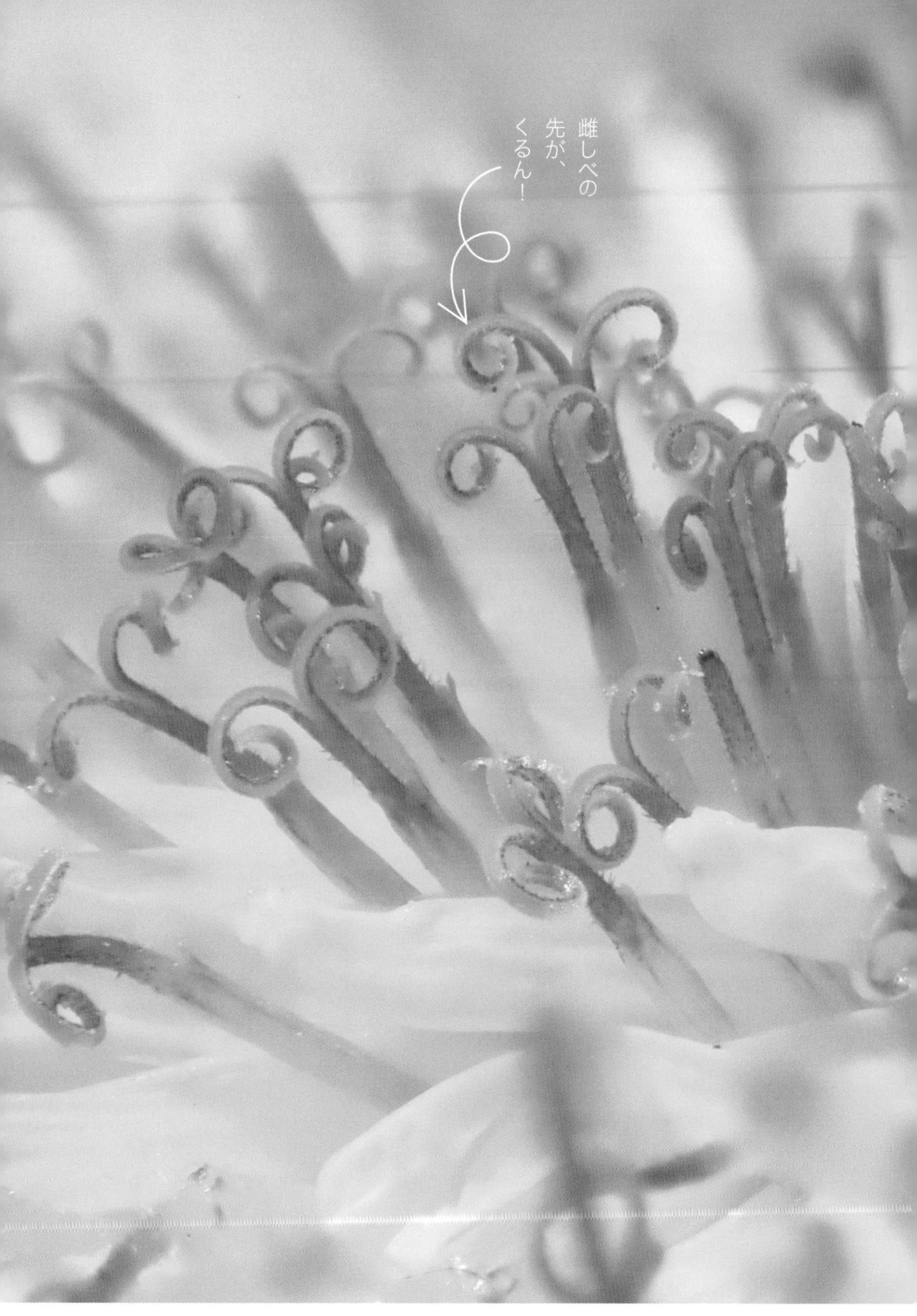
雌しべの
先が、
くるん！

観察してみよう

カントウタンポポの頭花の断面

花の基部の総苞の部分は反り返りません。総苞に守られて、タネの赤ちゃんがずらりと並んでいます。

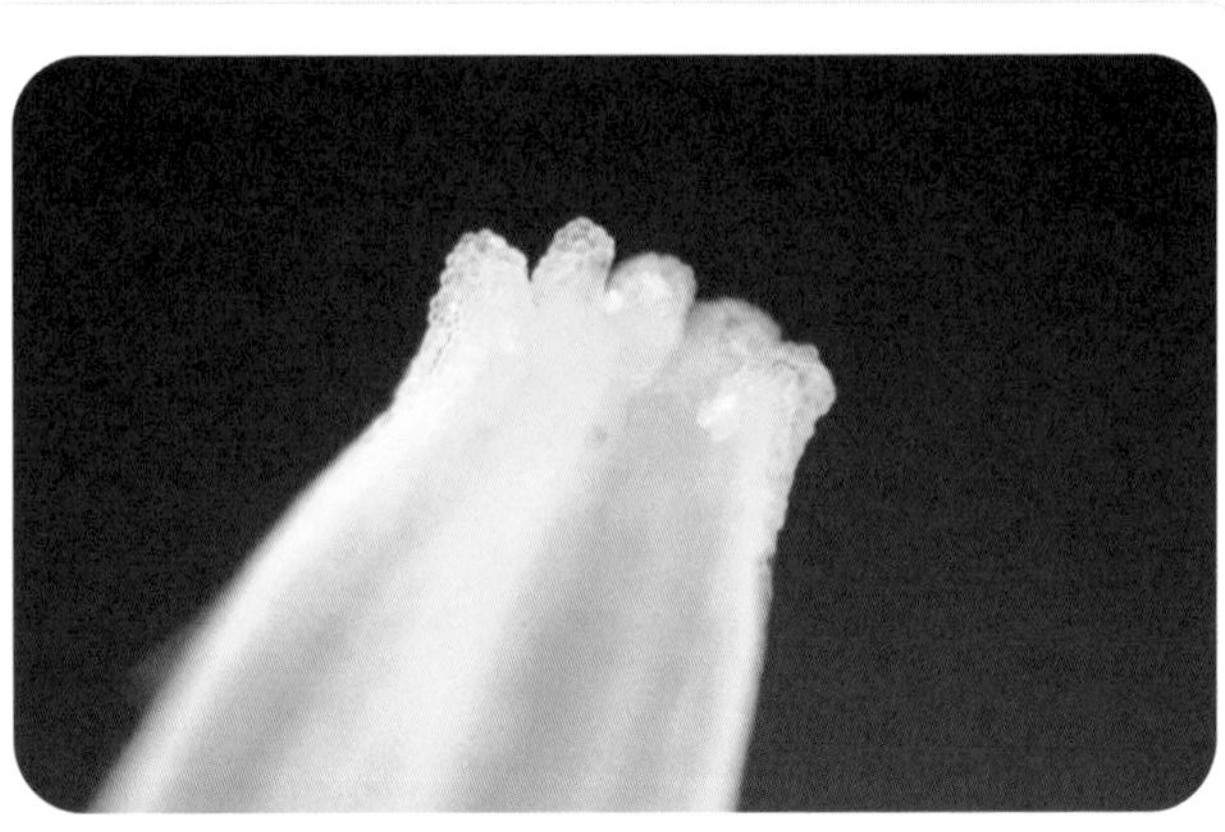

花びらの先端

ルーペで見ると、花びらの先端は、まるで足指ソックスのように、小さく5つに分かれています。

タンポポの1個の花（頭花）は、多数の小さな花の集合です。先が2つに分かれた多数の雌しべが、ほら、一斉に背伸びしています。花は数日の間、朝夕に開閉しながら咲いています。そして開花から2週間ほどで丸い綿帽子になります。

1個に見えてたくさんの花

目を近づけてよく見れば、先が丸まった雌しべが、そこにもここにも、くるん、くるん。タンポポの花は、じつは多数の花の集まりで、ひとひらの花びらに見える部分がホントは1個の花なのです。

花を1つ、そっと抜き取ると、舌のような形をした花びらとつながって、雌し

知ってる？　江戸時代にはタンポポ（カントウタンポポ）の栽培が流行し、当時の図譜には数多くの園芸品種が描かれています。

タンポポをじっくり

1個の花が開く様子

右から、①蕾の状態、②雄しべの間から雌しべが伸び、③雌しべの先が2つに開き、④雌しべの先がくるんと丸まる。

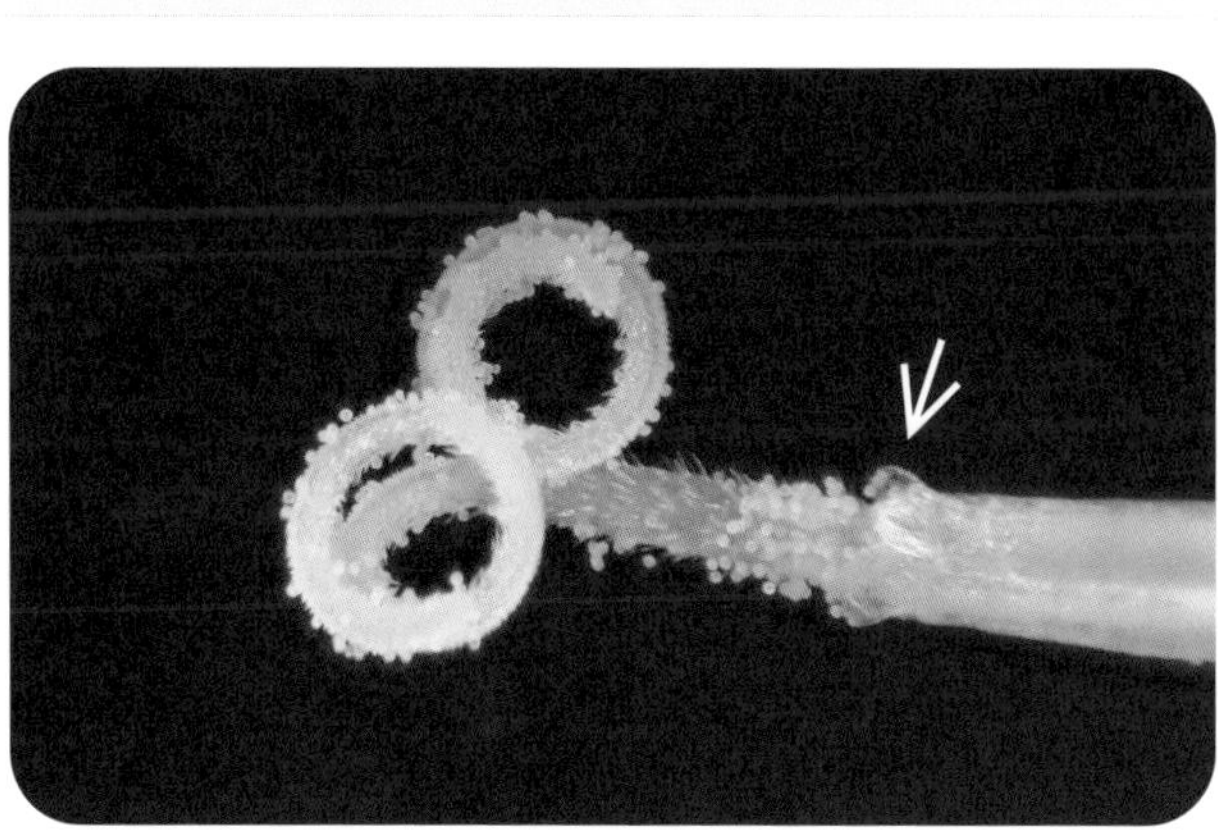

雌しべの先端と花粉の粒

薄い膜状となって雌しべを取り囲む雄しべ(矢印)の奥から、雌しべが花粉を押し出しながら伸びてきて、くるんと丸まる。

べが1本伸びています。根元のほうには、ほら、白い綿毛と小さなタネの赤ちゃんが、空を飛ぶ日を待っています。

タンポポなどキク科の「花」はどれも多数の花の集合で、「頭花」と呼びます。タンポポの頭花は150個前後の小さな花からできています。

ルーペでのぞく万華鏡の世界

小さな花をルーペで見ると、万華鏡をのぞいたみたいにきれいで、楽しい発見もいっぱいあります。

よく見ると、タンポポの花びらの先は小さく5つに分かれています。本来は5枚の花びらがくっついて1枚になっているのですね。

雌しべの先は2つに分かれています。咲きかけの花を見比べてみると、雌しべが伸びてくる様子もわかります。雄しべはどこかといえば、雌しべの軸のまわりをぴたっと取り巻いて、花粉を雌しべの軸にまぶしつけて送り出しています。萼はどこでしょう。萼は綿毛（冠毛）に形を変えています。

乳液からタイヤ 外来種と在来種

タンポポの葉や茎をちぎると白い乳液が出て、指につくとベタつきます。乳液には天然ゴムの成分が含まれていて、空気に触れると接着剤のように固まるのです。タンポポは乳液を使って、傷を保護したり、葉を食べにきた虫の口を固めたりと、敵に立ち向かっているのですね。

同属のロシアタンポポはゴム成分を多く含み、物資の枯渇した第二次世界大戦当時はソ連や欧米諸国で栽培されて戦争車両のタイヤに使われました。最近、次世代の資源として再び注目されています。

もう一度、タンポポを見てみましょう。横から見て、花びらの下の緑の部分（総苞片）が反り返っていれば外来種のセイヨウタンポポかその雑種です。都市環境に適応し、街で見るのはたいていこちらです。

カントウタンポポなど在来種のタンポポも広い緑地や古くから存続する土手などでは健在です。地域によってはシロバナタンポポの白い花も見られるかもしれません。

さあ、散歩に出かけましょう。タンポポの花が笑顔で待っています。

タンポポをじっくり観察してみよう

タンポポの乳液

花茎や葉を切ると白い乳液が出ます。乳液はゴム成分のほか苦み物質も含み、動物への防衛として働きます。

セイヨウタンポポの頭花。総苞片はくるりとそり返っています。

知ってる？ タンポポの花茎を長さ3㎝ほどに切り、上下に切り込みを入れて水につけると、両側がくるんと丸まって鼓のような形になります。楊枝を通し、息を吹きかければ風車に。

第二章

夏の道草

Summer

ヤブカンゾウ

別名ワスレグサ。里の野原に群生し、春の若芽を摘んで食べる。

夏の道草 その1

梅雨の季節に、微妙な色の変化を見せながらしっとりと咲くアジサイの花。日本生まれの美しい園芸植物として、世界で広く愛されています。

額縁咲きのアジサイ（園芸品種）。内側に小さな両性花が密集し、外周を美しい萼を広げた装飾花が取り巻く。装飾花の中心にも小さな花が咲くが、性機能はなく実を結ぶこともない。

人も虫も魅了する
梅雨のアジサイ

野生のガクアジサイ。房総・伊豆半島、伊豆諸島、小笠原諸島に分布する日本固有種。海岸の環境に適応して葉は厚く光沢がある。

アジサイ

園芸種のアジサイ。野生のガクアジサイから花が全部装飾花に変わったものが選抜されてつくられた。花は初め青色で次第に赤みが増す。

知ってる？ アジサイは挿し木で簡単にふやせます。花が終わる頃、葉を少し残して茎を長さ10㎝ほどに切り、赤玉土に挿してみてください。

野生のヤマアジサイ。太平洋側の山の沢沿いに自生し、ガクアジサイより小型で葉に光沢がない。花の色や形の変化が大きい。

ヤマアジサイ

ヤマアジサイの手まり咲き品種。ヤマアジサイ系の品種は全体に小柄で小さな庭や鉢植えでも栽培しやすい。

エゾアジサイの花にハナムグリ。

エゾアジサイは、北陸地方以北の日本海側や北海道に分布する日本固有の野生種。花は青い。山の湿り気のある場所に生える。

園芸品種のベニガクアジサイ(ベニガク)。ヤマアジサイとエゾアジサイの雑種といわれ、装飾花は紅色。

知ってる? 花後に切らずに見ていると、両性花は、頭のてっぺんに短いアンテナを3本立てたような形の実になります。実は晩秋に熟し、無数の細かい種子が風に散ります。

梅雨の季節に色を変えながらしっとりと咲くアジサイの花。日本の野生種であるガクアジサイとヤマアジサイをもとに、多彩な園芸品種が生まれました。

宣伝要員の装飾花 実働部隊の両性花

ガクアジサイは漢字で書くと「額紫陽花」。密集する小さな花の外周を、大きな花が取り巻いて、なるほど、額縁のようですね。

外周の大きな花を装飾花、内側の小さな花を両性花と呼びます。

両性花は小さく地味ですが、健全な雄しべと雌しべを備え、受粉すると実に育ってタネを多数つくります。いわば花の実働部隊です。

装飾花はよく目立ち、虫のお客に花の存在をアピールします。でも、雌しべは小さく萎縮し、実を結ぶ能力はありません。身(実?)を捨てて働く宣伝部員というわけですね。装飾花の花びらに見える部分は萼で、両性花が次々に咲く約20日間、色あせずに美を保ち、客の呼び込みに専念します。

花序全体が大きなヘリポートのような形なので、不器用に飛ぶ甲虫でも楽に着陸できます。花も上向きでごちそうの花粉もてんこ盛り。さまざまな虫たちが花の上で宴会をし、帰り際に花粉を運びます。

ツルアジサイ
つる性のアジサイの仲間で、付着根で木の幹や岩に張りついて登る。欧米では家の壁に植える。円内は花序。

アジサイの原種 額縁咲きと手まり咲き

装飾花が両性花を取り巻く咲き方を園芸では「額縁咲き」とか「額咲き」と呼んでいます。

ところが内側の両性花が全部装飾花に変わってしまう突然変異、つまり「手まり咲き」のものがごくまれに生じます。アジサイという植物名は、狭義にはガクアジサイの手まり咲きの品種を指しますが、一般には額咲きの品種やヤマアジサイの品種や交配種なども含めた園芸品種群を広くアジサイと呼びならわしています。

原種となったガクアジサイは、房総から伊豆周辺の沿海地域に分布する日本固有種です。海岸の環境に適応して乾燥に強く、葉も厚く光沢があります。江戸時代にヨーロッパに運ばれて華麗に改良された品種群はセイヨウアジサイと呼ばれて日本に里帰りしています。

ヤマアジサイは太平洋側の山に生える種類で、全体に小さく、葉に光沢がありません。江戸時代以降、多彩な花色や手まり咲き、八重咲きなど数多くの園芸品種がつくられてきました。花祭りの仏会でふるまわれる甘茶は変種のアマチャが原料です。

このほか、花が青いエゾアジサイも園芸品種の原種となっています。

こんもりした樹形 短い寿命の枝

アジサイの枝は先端に花序がつくとそこで成長が止まって側枝が伸びます。これを毎年繰り返し、低くこんもりと茂ります。

ところがこのような成長の仕方を繰り返していると枝が混み合い、葉も重なり合ってしまって光の獲得に不利になります。

そこでアジサイは自ら枝を枯らすことでこの問題を解決しています。

枝は5～9年程度で枯れ、元気よく伸びてくる新しい枝に交代します。枝の内部はスポンジ状で乾くとごく軽くなります。コストを削減した使い捨て仕様なのですね。

千変万化の花の色 土の酸性度との関係

アジサイの花は咲き進むにつれて色が変化します。蕾の緑から白を経て、次第に青や紫を帯び、両性花が開くころには鮮やかに色づきます。花が咲き終わりに近づくと、今度は次第に赤みがかってきます。

このような色の変化は、赤や青、紫を呈する色素アントシアニンの性質と関わっています。花は開花が近づくとアントシアニンが合成されて青や紫に色づきますが、咲き終わりに近づいて細胞が老化すると、酸性の老廃物がたまり、リトマス試験紙と同様にアントシアニンが赤く発色するようになるのです。

土の性質によっても花の色は変化します。土が酸性だと青くなり、アルカリ性だと赤くなります。リトマス試験紙と逆ですね。

原因は土に含まれるアルミニウム。土が酸性だとアルミニウムが溶け出して根から吸収され、アントシアニンと結びつくので性質が変化して青みが増します。土がアルカリ性だとアルミニウムは溶けず、花色は赤に近づきます。土の質にむらがあると、同じ株でも花色は微妙に変化します。

見事な造形美に千変万化の花の色。日本の風土が生んだアジサイは世界の人々を魅了しています。

知ってる?

ヤマアジサイの品種の一つに装飾花が八重咲きになった「シチダンカ」があります。シーボルトが記載して以後、長く幻の花でしたが、1959年に六甲山で再発見されました。

アジサイの花色は変幻自在。時とともに、また土の性質により、微妙な色合いに変化する。同じ花序の中でも色が違うこともある（円内）。

まだまだある、アジサイの不思議と歴史

シーボルトのアジサイ標本

江戸時代に長崎に滞在したオランダ人医師のシーボルトは、数々の植物を採集して標本にした。手まり咲きのアジサイのしっとりした風情を愛し、学名にオタクサ（お滝さん）と、日本人妻の名をつけた。右下に*Hydrangea Otaksa*の文字と、シーボルトの直筆サインが見える。

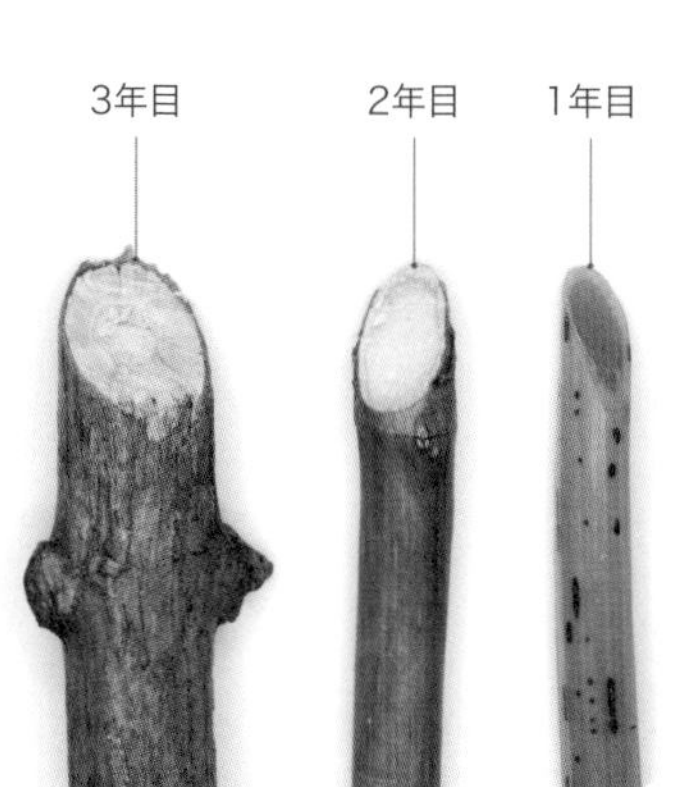

アジサイの枝と切断面

庭のアジサイの枝を切ってみた。右から1年目、2年目、3年目の枝。枝を切ると、内部の髄はスポンジ状で柔らかい。アジサイの枝の寿命は普通5年ほど、最長でも9年ほどと短く、写真の3年枝もすでに一部が枯れ始めている。枯れ枝の髄はきびがら細工のようにフワフワで軽い。

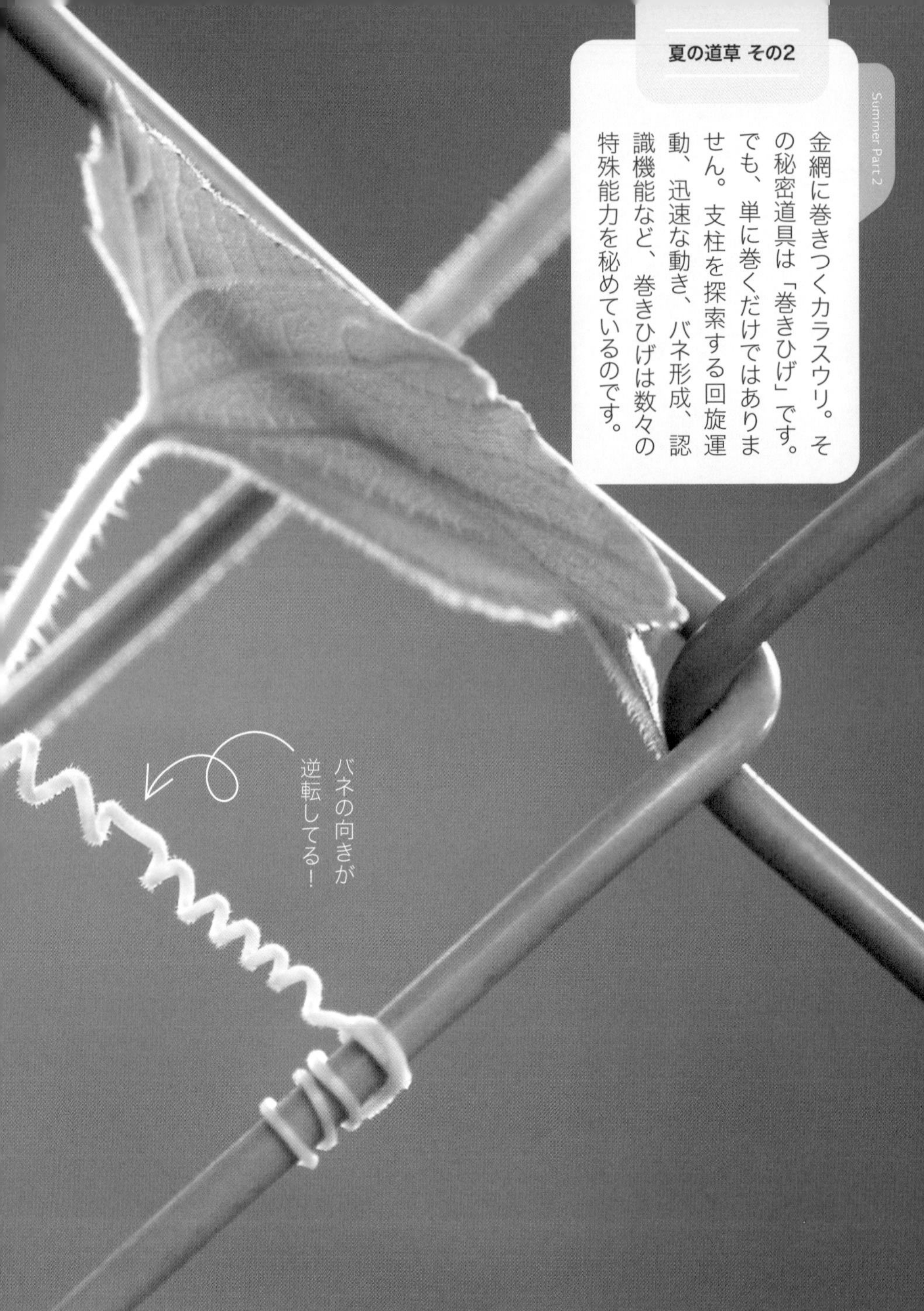

夏の道草 その2

金網に巻きつくカラスウリ。その秘密道具は「巻きひげ」です。でも、単に巻くだけではありません。支柱を探索する回旋運動、迅速な動き、バネ形成、認識機能など、巻きひげは数々の特殊能力を秘めているのです。

巻きひげは
ただ巻くのみに
あらず

庭のゴーヤが今年も元気につるを伸ばしています。そのつるに、精巧なバネを発見！

周囲を探索し、見る間に巻きつく

カラスウリやゴーヤ、キュウリなどウリ科のつる植物は、茎自体が巻きつくアサガオとは違って、巻きひげで支柱に巻きつきます。

つるの先端で、ウリ科の巻きひげは大きく円を描いてゆっくりと動き、支えになるものを探します。この状態の巻きひげに支柱をあてがうと、ものの30秒ほどで、巻きひげはみるみる曲がり始めます。気温などによりますが、早いときは十数分のうちに一、二周ぐるっと巻きつきます。それは目に見えるほどの意外な速さで、じっと差し伸べていれば、あなたの指にも巻きつくかもしれません。

巻きが逆転した伸縮自在のバネ

巻きひげの素早い運動は、接触刺激に反応して内側になる面の細胞がぎゅっと縮むことで生じます。

こうして先端が巻きつくと、続いてバネがつくられます。数時間のうちに巻きひげは精巧なバネに変身し、風による揺れを伸縮自在に吸収してつるがちぎれるのを防ぎます。

おもしろいことに、バネの巻く向きは、きまって中途で逆転しています。両端が固定された巻きひげは、中間付近を起点に、両端に向かってねじれが進行していきます。するとバネの向きは中途で逆転し、両側に逆向きのバネが同数つくられるのです。

巻きひげのいろいろ

ウリ科の巻きひげは、主に葉から変化したもので、よく見ると巻きつく部分には葉と同様に表裏があって、断面も四角く見えます。

ブドウ科の植物の巻きひげは、ウリ科の巻きひげにそっくりですが、よく見ると断面は丸く、葉の痕跡があり、こちらは茎の変形であるとわかります。

マメ科のエンドウは、複葉の一部が巻きひげになります。サルトリイバラでは托葉、クレマチスでは葉柄が巻きひげの役目をしています。

巻きひげの機能を変革させたのはブドウ科のツタです。巻きひげの先端は吸盤に変わって壁面に張りつき、競争者の少ない壁という新天地の開拓に成功しました。

巻きひげには、対象物を識別する能力もあることがわかってきました。ブドウ科のヤブガラシの巻きひげには、自他の識別能力があり、自分や同種の仲間の葉や茎には巻きつきにくくなっているのだそうです。

この夏は、ヤブガラシやカラスウリ、ゴーヤなど、身近な植物の巻きひげをぜひ観察してみてくださいね。

知ってる？

平安時代には、ツタの樹液を煮詰めて甘いシロップをつくりました。これが芥川龍之介の「芋粥」にも登場する「甘葛（あまづら）」です。

Summer Part 2

不思議な巻きひげ

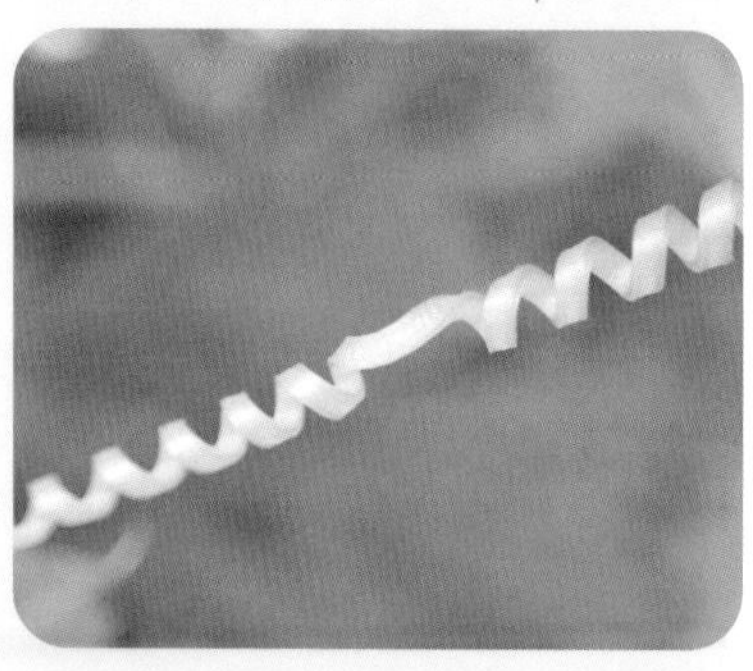

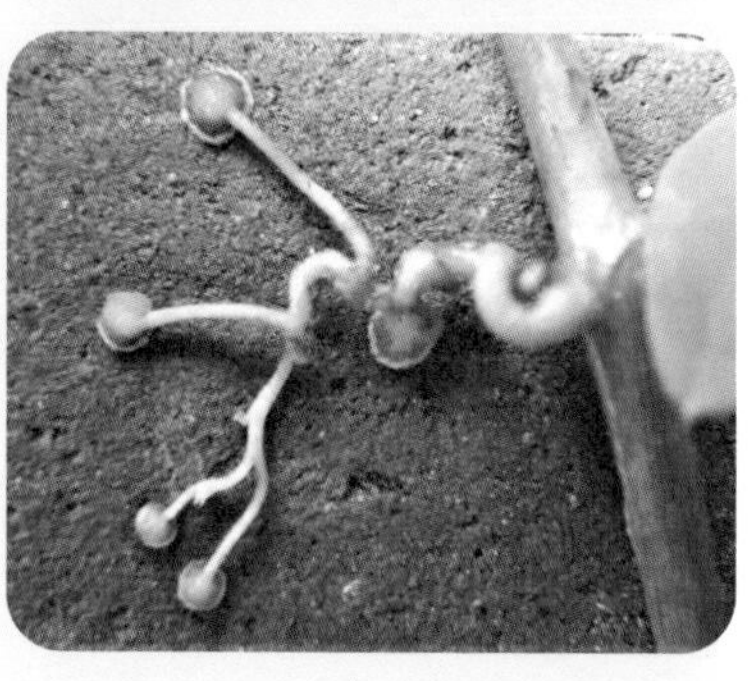

上／ゴーヤの巻きひげは葉の変形。表にあたる面にだけ毛がある。バネの中央付近には、ねじれの逆転部位が存在する。
下／ツタの巻きひげは茎の変形。先端につくられる吸盤は葉の変形で、壁に触れると円盤になり、粘液を分泌してくっつく。

Summer Part 2

巻きひげの3プロセス

ゴーヤのつるの先頭部分。巻きひげは、①ゆっくり旋回して周囲を探り、②先端部が巻きつき、③ねじれて緻密なバネ状になる。

雨の季節、草も木もしっとりぬれそぼつ中で、サトイモの葉は、まるで手品のように水をはじきます。いったい、どうなっているのでしょう？

水をはじいて玉にする

サトイモの葉が水をはじく仕組みは、表面の微細な突起構造にあります。この巧みな撥水の仕組みは、数々の先端技術に応用されています。

撥水機能の
葉のなぞ
水玉ころりん

雨の日のサトイモ畑。大きな葉は水にぬれて重くなることもなく、ころころと雨のしずくを玉にして転がす。

微細な突起で水をはじく「ロータス効果」

肉眼で見てもなでてみても、サトイモの葉の表面はなめらかで、特に仕掛けがあるようには見えません。ところがルーペや顕微鏡でのぞくと、葉の表面に無数の点々が見えます。マイクロサイズの球状の突起が葉の表面をびっしりと覆っています。

ご飯粒がくっつかない便利なしゃもじをご存じですか。ご飯粒よりはるかに小さな突起が一面に加工され、ご飯粒との接触面積が小さくなるのでくっつかないのです。

サトイモの葉の表面はこのしゃもじに似ています。

知ってる?

レンコンは蓮の根と書きますが、
厳密には根っこではなく養分を貯めて太ったハスの地下茎です。

サトイモの葉をよく見てみよう

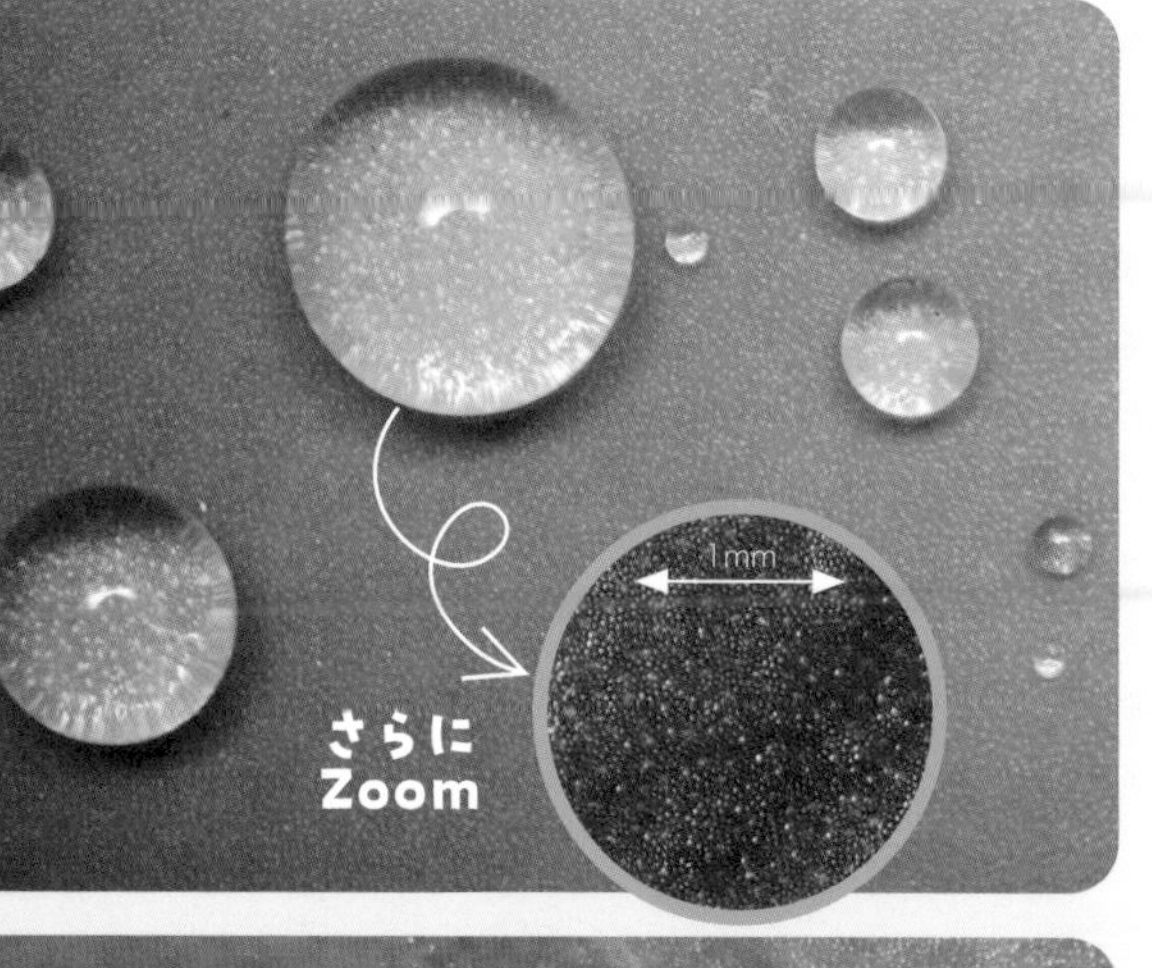

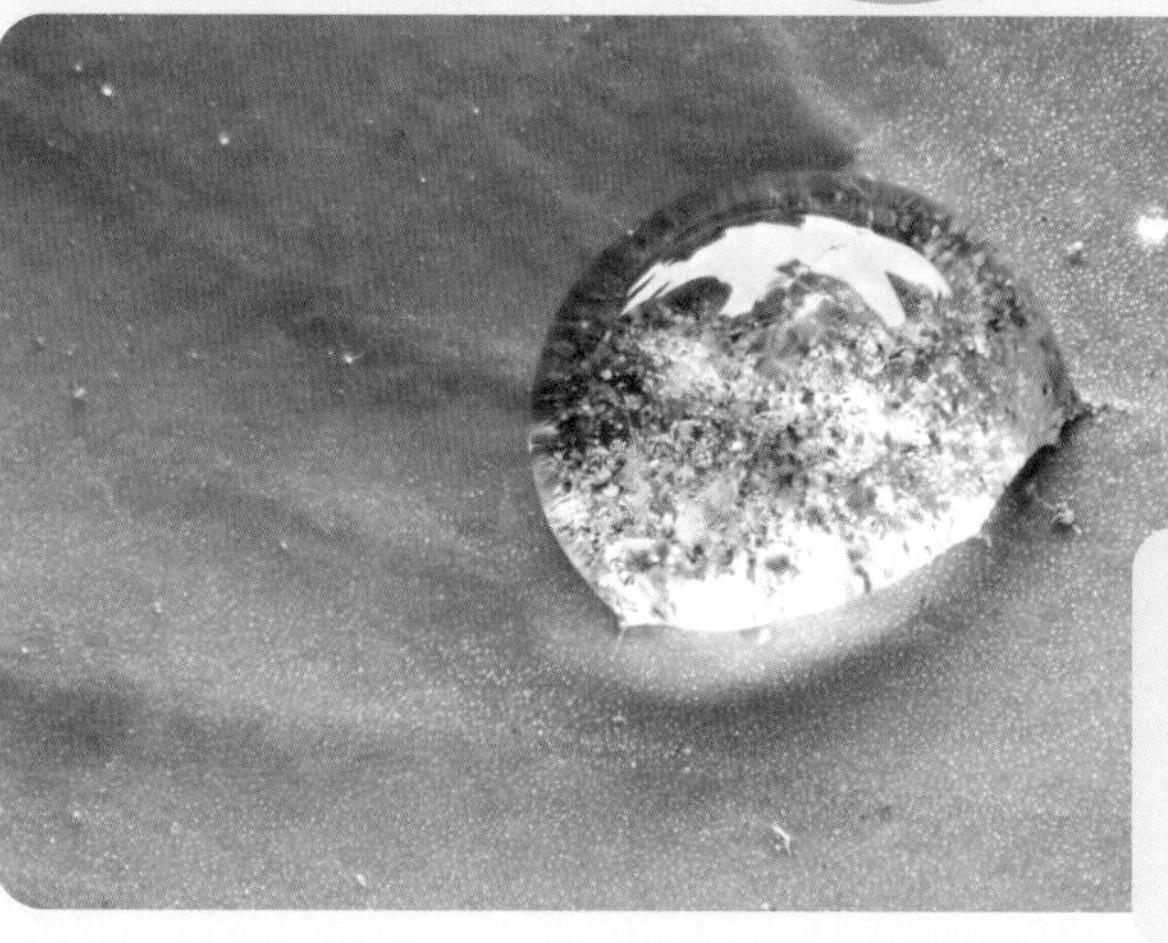

上／水玉がレンズ代わりになって微細な突起を観察できる。下／水玉は転がりながらゴミを集めて葉面をきれいに保つ。

マイクロサイズの突起でびっしりと覆うことで、水滴をはじいているのです。接触面積の小ささに加え、突起の間に空気を含むため、水は表面張力で丸い玉となって葉の上を転がるように滑り、端から振り落とされるのです。

ハス（学名・英名はロータス）の葉にも同じ仕組みがあることから、表面を微細な突起で覆うこの撥水の仕組みは、「ロータス効果」と呼ばれています。

汚れを防いできれいに保つ

なぜサトイモやハスの葉に撥水効果が発達しているのでしょう。

どちらも長い葉柄の先端に上向きの大きな葉を支え

葉を持つ仲間

ハスの葉に見る「ロータス効果」

ハスには、水面に浮かぶ葉と立ち上がる葉がある。どちらも、サトイモと同じく微細な表面構造によって水をはじいて転がす。

水を落とすハスの葉

雨の日、水のたまったハスの葉は、重みでかしぐと一気に水を転がして落とす。ハスの気孔は葉の表面にあるが、こうして洗われてきれいに保たれる。

ています。その葉がぬれて表面に水の層ができれば、葉は重くなり、支えきれなくなるでしょう。もともと異なるルーツの2種ですが、共通の必然から同じ構造と機能をそれぞれ進化させてきたのです。

ロータス効果にはもう一つ、優れた働きがあります。水玉は転がりながら葉の表面の土やゴミを集めると、まとめて捨ててくれるのです。葉の汚れを防いできれいに保つことで光合成能力も高く保たれます。

サトイモやハスの葉のロータス効果は、傘やヨーグルトのふた、汚れにくい壁面など、各種素材の画期的な撥水技術に応用されています。

知ってる?

ホオノキの大きな葉は高山地方の郷土料理(朴葉寿司や朴葉味噌)に使われます。花も直径最大18〜20㎝と日本の植物の中で最大です。

水をはじく

ネコハギは毛で雨をはじいて水玉に

マメ科のネコハギの葉はなでると子猫のようにふわふわ。よく見ると、表面の毛が水滴を支えている。

水玉を連ねた雨の日のホオノキ

ホオノキの葉は長さ30cmと大きい。降る雨ははじかれて水玉となり、葉脈に沿って振るい落とされる。

雨の日に発見植物たちの工夫

うっとうしい雨の日も、ちょっと視点を変えて、植物観察はいかが。

カタバミのハートの葉にもコロコロ転がる水玉が。これもロータス効果です。探してみてくださいね。

ネコハギの葉にも水玉が。でも近寄ってよく見ると、こちらは密生する毛が水玉を支えています。

ホオノキの葉にも無数の水玉がキラキラ。水玉は葉脈に集められて振るい落とされ、特大サイズの葉を水の重みから救っています。

雨の日ならではの美しい世界、発見の喜び。心もキラキラ輝きます。

夏の道草 その4
Summer Part 4
夏の暑さをものともせず、華麗に咲き続ける美しい花。美肌美人の秘密を探ります。
花びらは千代紙細工のよう
サルスベリはミソハギ科の落葉中高木で中国南部原産。夏から初秋にかけて長く咲き続けるが、1つの花が長く咲くのではなく、次々に散るそばから新しい花が咲く。

美肌とフェイクの雄しべ サルスベリの秘密

暑い盛りに長く咲く中国渡来の園芸植物

サルスベリは中国原産の落葉樹。いつ日本に渡来したかはよくわかっていませんでしたが、2010年に京都・平等院の池の底にたまっていた平安時代の泥土から花粉が見つかり、当時すでに渡来して栽培されていたことが判明しました。

名は「猿滑」。まだらにはがれる樹皮はなでるとすべすべなめらかです。これではサルも登れまいと「猿滑」の名がつきました。夏から秋にかけて次々に蕾が開いて長く咲くことから「百日紅（ひゃくじつこう・ひゃくじっこう）」とも呼ばれます。

花は繊細な千代紙細工を思わせて、のびやかな枝の先に群れ咲きます。庭や公園に植えられ、幹は茶室の床柱などに利用されます。

すべすべ肌でつる植物も撃退

なぜサルスベリの肌はつるつるになるのでしょう。ふつう樹木は、幹の外側にコルク質を蓄積し、死んだ組織である厚い樹皮をつくって幹を保護しています。ところが、サルスベリではコルク質が次々にはがれ落ちて、幹の生きた組織がごく浅い位置に息づいているのです。

サルスベリのなめらかな幹にはつる植物も巻きつけず、よじ登られて枝葉を覆われてしまうこともありません。厚い樹皮の防護を捨てて、すべすべ肌を露出させることで難敵を撃退するという、いわば逆転の発想がここにありました。

言い伝えに、サルスベリの幹をくすぐると枝を揺らして笑うといいます。これも肌が露出していることからの楽しい空想なのでしょう。

思惑を秘めた長短の雄しべ

花を1つ取り出して見てみましょう。萼と花びらは各6枚。双子葉植物はふつう4か5が基本ですから、ちょっと珍しい構成です。

中心に雌しべが1本。そのまわりに黄色く目立つ多数の雄しべ。よく見ると、おや、長く伸びる地味な雄しべも6本あります。

じつは受精に役立つのは長い雄しべの出す花粉だけ。短い雄しべの花粉は虫を誘うイミテーションで、肝心の遺伝子は含まれず受精能力もチッ素分もありませんが、ごちそうのブドウ糖は多めに用意されています。貴重な成分を抜きにした低コストのニセ花粉で虫を誘う一方で、大切な花粉は地味に隠れて食事中の虫の背中にくっつき、別の花の雌しべのもとへと運んでもらう作戦です。

ひらひらした花びらのドレスも作戦遂行のための小道具。花の美しい造形に緻密な計算が隠されていたなんて、びっくりですね。

八重の蕾の断面

知ってる？ 屋久島以南に分布するシマサルスベリの花は白。サルスベリとの交配種であるムラサキサルスベリは花が薄紫色で病気に強く、よく栽培されています。

突然変異！八重のサルスベリ

蕾が開くと中から何重にも蕾が出てくるという、マトリョーシカみたいな不思議な突然変異株。小石川植物園などで見られる。

美しい花と幹の密な戦略

上／なめらかな肌。樹皮はまだらに薄くはがれ落ち、緑色を帯びた内皮が露出する。下／短い雄しべの出す餌用の花粉を集めるコハナバチ。

きれいな花にはとげがある、といいますが、なぜ植物はとげをもつのでしょう。

カラタチはミカン科の落葉樹。枝に鋭いとげがある。冬は落葉してとげとげの枝だけになる。写真は春の芽吹き。かんきつ類の台木や生け垣として使われる。

植物のとげとげ大作戦

とげの防衛

バラのとげは枝の表面についていて、強い力が加わるとポロリと取れます。バラのとげは枝の表皮が変わったものだからで、よく見ると、並び方も不規則です。

いたっ！　とげが指に刺さりました。草食動物も痛いとげは苦手です。バラのとげも動物から身を守る役割を果たしています。

とげは毒と並んで植物の重要な防御手段です。アザミやヒイラギの葉もとげで草食動物に対抗します。サボテンのとげも葉の変形。

ユズなどかんきつ類の枝のとげは、わき芽の第一葉が変化したもの。クサボケやピラカンサでは短い枝がとげに変化しています。

さらに微細なとげを葉の縁に並べたのはススキです。とげはガラス質からなり、ルーペでのぞくとサメの歯のように鋭く、うかつに触れば手が切れます。

イラクサは茎や葉にとげがあります。このとげにはギ酸やヒスタミンが仕込まれていて、刺さると皮膚が赤く腫れ上がります。

クリのイガはドングリの帽子の部分にあたります。栄養価の高い実を鋭いとげで守っているのですね。

引っかけるとげ

バラのとげをよく見ると、枝に下向きについています。バラのとげには、他物に引っかけて枝を支える役割もあるのです。このことはバラの原種であるノイバラやテリハノイバラの姿を見るとよくわかります。まわりの草木を足場にすれば、細い枝を長く伸ばせてコストが節約できますね。

タデ科のアキノウナギツカミとママコノシリヌグイも茎に下向きのとげがあり、周囲に寄りかかって育ちます。ママコノシリヌグイとは、人々がフキなど柔らかな草の葉をトイレの紙代わりに使っていた時代に遡るネーミングです。

とげとげの「ひっつきむし」もいます。オナモミの仲間（P110参照）は実を2個ずつ、「総苞片（そうほうへん）」に由来するとげの鎧に包んでいます。とげの先端は精巧なかぎ針になっていて、人の服や動物の毛にくっついて運ばれます。

進化するとげ

金華山（きんかさん）は宮城県・牡鹿半島の沖に浮かぶ島です。ここでシカは神の使いとされ、江戸時代から高密度状態が続いてきました。島の植物の大半はとげか毒をもっています。対抗手段をもたない植物はここでは生きてこられなかったのです。

金華山でサンショウのとげを測ってみると、長さ13㎜（東京産は3〜7㎜）もありました。アザミやタラノキのとげもその長さにびっくり。敵の増加という環境の変化に適応して、とげも進化するのですね。

知ってる？　サンショウの葉は香りがよく料理に使います。
昔の商家は「くださんしょ（＝ください）」に通じる商売繁盛の木として庭に植えました。

植物のとげは千変万化

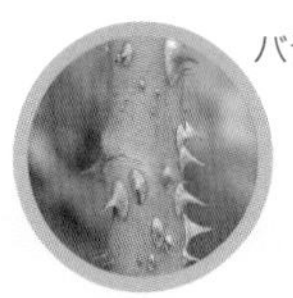
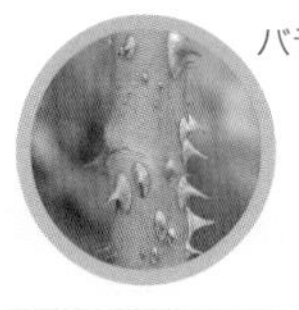
バラ

身を守る！

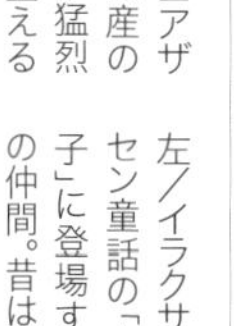

右／アメリカオニアザミ。ヨーロッパ原産の帰化雑草。とげが猛烈に鋭く、芝生に生えるとけがの原因になる。

左／イラクサ。アンデルセン童話の「白鳥の王子」に登場するのはこの仲間。昔は繊維植物として利用もされた。

引っかける！

右／アキノウナギツカミ。茎に逆さとげが並ぶ。この草でホントにウナギが捕まえられたら楽しいですね！

左／ママコノシリヌグイ。茎や葉柄に逆さとげがあってチクチク痛い。かわいい花なのに残念な名前に！

進化する！

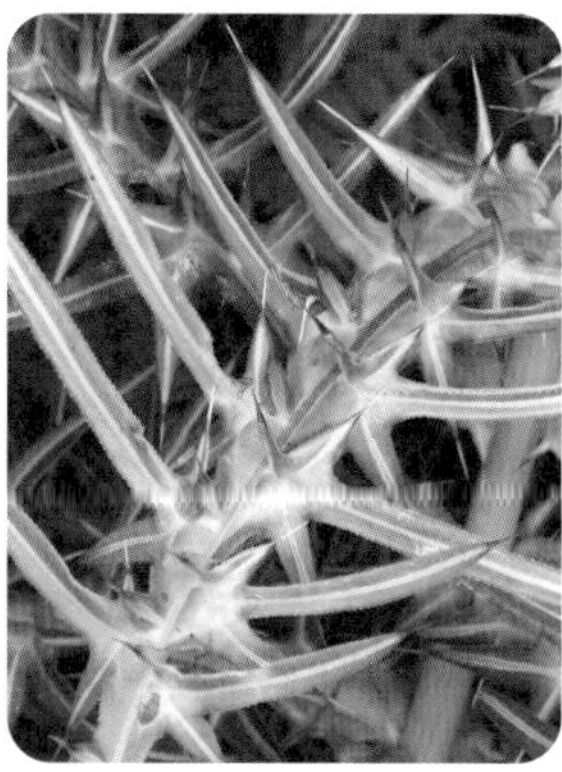

右／キンカアザミ。金華山の固有種のアザミでとげが鋭い。長年のシカの摂食に対抗してとげが鋭く長く進化した。

左／金華山のサンショウ。シカの密度が高いと、より長いとげをもつものが生き残る。円内は東京のもの。

夏の道草 その6

薄暗い林の地面に、奇妙なものを見つけました。植物なのに緑の葉がありません。どうやって生きているのでしょう? 光合成をやめてキノコを「食べて」生きる不思議な植物たちを紹介します。

シャクジョウソウは山地に生えるツツジ科の多年草。全身がクリーム色の菌従属栄養植物で、栄養はすべてキシメジ属のキノコからもらっている。高さ15㎝ほどの花茎に数個の花をつけた姿を、昔の修験僧が持つ錫杖（しゃくじょう）にたとえた。写真は富士山五合目付近。

キノコを「食べる」植物

菌類を利用するランの仲間

ラン科の植物は菌類と深く関わって生きています。ランの種子は微細で蓄えもなく、キノコの菌糸を誘い込むと栄養をもらって発芽します。

芝生に咲くランの一種、ネジバナの種子も、キノコの菌糸の恩恵で芽を出します。でも葉が伸びて光合成ができるまでに育つと、体内の菌糸を分解し、自分の栄養にしてしまいます。つまり「食べて」しまうのです。

さらに、ランの中には、葉を出すことも光合成もすっかりやめて、一生を通じて完全にキノコの世話になる、つまりキノコに寄生するものも少なくありません。全身真っ白なタシロランもその例で、地下でキノコの菌糸から栄養を吸い取って生きています。マヤランも葉のないランですが、茎は淡い緑です。葉緑素をつくれるのに労働を放棄し、キノコを文字どおりの食い物にしてパラサイト生活を送っているのです。

木々に育まれる森の妖精？

ツツジ科のギンリョウソウも純白の不思議な植物です。初夏、暗く湿った地面にうつむいて咲く花を、銀の鱗をもつ竜が天に昇る姿に見立てて「銀竜草」と名づけられました。

ギンリョウソウも菌類に寄生しています。パトロンはベニタケ科のキノコで、全栄養を貢がせています。

ベニタケの仲間は「菌根菌」といって、樹木の根との間に植物の根とキノコの菌糸が一体化した「菌根」をつくり、樹木がつくった炭水化物と菌糸が吸収した土の養分を相互交換して生活しています。この共生関係に横から入り込んだのがギンリョウソウです。直接的にはキノコに寄生していますが、実際は菌糸を介して樹木から栄養を分けてもらっています。

森の豊かな生態系の片隅にそっと息づく純白の花。じつは森の妖精なのかもしれません。

「腐生植物」から「菌従属栄養植物」へ

このように緑の葉をもたず湿った腐葉土に生える植物は、これまで「腐生植物」と呼ばれてきました。しかし実際は、落ち葉そのものではなく、落ち葉を分解する菌類から栄養を得ていることから、最近は「菌従属栄養植物（または菌寄生植物）」と呼んでます。ラン科やツツジ科以外にも少数が知られ、全体が茶色や赤紫色の種類もあります。

私たちの目に見えないところで、植物は菌類と深く関わって生きています。野山で妖精に出会ったら、そっと観察してみてくださいね。

知ってる？

ギンリョウソウは、以前はギンリョウソウ科とされていましたが、DNAを調べたらツツジ科の一員であることがわかりました。

野山に暮らす「妖精」たち

マヤラン

シンビジウムと同属のランで、花は直径4㎝ほど。関東から九州の林の地面に生え、8～9月に花を咲かせる。葉はなく、菌類に寄生して生きている。

タシロラン

全身が白いランの一種で、関東以西の鬱蒼とした林の地面に見られる。花期は東京付近では7月初旬。地面に菜箸を立てたような花茎を立て、小さな白い花を咲かせる。

ギンリョウソウ

ツツジ科の多年草で、5～6月の林に姿を現す。全体がすきとおるように白い。円内は地下部で、キノコの菌糸とともに独特の「菌根」をつくっている。

夏の道草 その7

Summer Part 7

秋の彼岸が近づくと、ヒガンバナが里のあちこちを赤く染めて咲き出ます。美しさの陰に毒を秘めて。

弧を描く雄しべ。
先端に葯（やく）がついていないのは雌しべ。

ヒガンバナはヒガンバナ科の多年草で、古く中国から渡来。日本のものは三倍体系統で実ができない。写真は埼玉県日高市の巾着田の群生地。

毒は怖いが役に立つ

毒草たち

スズラン
北海道や本州中部の高原に自生。愛らしいが全体に有毒で、誤食すると人も家畜も中毒症状を起こす。庭に植えられるドイツスズランも有毒。

チョウセンアサガオ
インド原産のナス科の多年草。1805年、華岡青洲はこの毒成分を麻酔薬に用い、世界初の全身麻酔手術を成功させた。花は夜に甘く香る。

美しいヒガンバナを人は大切に植え広めた

昔の人はヒガンバナを土手やあぜに植えました。花が美しいだけでなく、人々を助けてくれるとてもありがたい植物だったからです。

葉は花が終わると伸びてきて、秋から春まで緑に茂って雑草の発生を防ぐばかりか、夏は枯れて農作業の邪魔をしません。球根は地際に密集してくずれを防ぎ、有毒ゆえにネズミもモグラも近寄らず彼らのトンネルづくりも防ぎます。飢饉の際は球根を掘り、粉にして毒を洗い流せば、貴重な食糧として役立ちました。

知ってる？　ナス科にはナス、トマト、ピーマン、ジャガイモなどの野菜がある一方で、チョウセンアサガオ、ハシリドコロなど毒草も多く知られます。

美しい

エゾトリカブト

北海道に分布するトリカブト属の一種。日本のトリカブトのなかで最も毒が強く、昔はヒグマを狩る毒矢に使われた。花は8〜9月に咲き、美しい。

キョウチクトウ

インド原産の常緑樹で庭や公園に植えられる。枝や葉を切ると出る乳液には毒があり、枝をバーベキューの串に使って中毒死した事例がある。

毒は植物の防衛手段。身近に多い有毒植物

ヒガンバナの毒はアルカロイドの一種のリコリンで、食べると激しい嘔吐や下痢を起こします。アルカロイドとは、植物が防衛目的でつくっているチッ素を含む有機化合物の総称で、毒性が強いのが特徴です。同じくヒガンバナ科のスイセンもリコリンを含み、葉をニラと間違えて食べて死亡した例もあります。

そもそも植物はなぜ毒をつくるのでしょう。敵に襲われても動けない植物にとって毒は最強の防衛です。毒の生産にはコストがかかりますが、それでも植物は毒をつくり、虫や草食動物

アセビ
ツツジ科の常緑低木。暖かい地方の山に自生し、庭園に植えられる。全体にアルカロイド毒を含み、シカなどの草食動物や虫も葉を食べようとしない。

ハシリドコロ
ナス科の多年草。早春の山で他に先駆けて芽吹く。アルカロイド毒のアトロピンなどを含むが、根茎は薬用成分のロートエキスの原料に利用される。

から身を守っているのです。

身近なスズラン、オモト、フクジュソウ、アネモネ、クリスマスローズ、キョウチクトウ、アセビ、シャクナゲなども強い毒をもっています。ジャガイモも、芽や光が当たって緑になった皮の部分は有毒です。アジサイも葉に青酸化合物を含み、人が食べて中毒した例があります。

それでも食べる虫はいます。キョウチクトウアブラムシはキョウチクトウの毒に平気なだけでなく、毒を自分の体に蓄積し、天敵の肉食昆虫に対する防衛に役立てています。

毒と向かい合ってきた人類の長い歴史

人も植物の毒を薬や嗜好

知ってる？

日本三大有毒植物は、トリカブト、ドクゼリ、ドクウツギ。

中でもトリカブトの毒は、自然毒としてフグの次に強いといわれています。

フクジュソウ

キンポウゲ科の多年草。縁起植物として正月飾りに用いられる。素手でさわっても問題はないが、全体に強心配糖体を含み、口から摂取した場合は死亡例もある。

シキミ（円内は実）

マツブサ科の常緑小高木。葉をちぎると芳香があり、墓参りのお供えに用いる。実は近縁で香料となるトウシキミ（八角）に似るが猛毒なので要注意。

品に利用しています。キナの木からとれるキニーネはマラリアの特効薬。コーヒーのカフェイン、タバコのニコチンもアルカロイドの一種です。日本最強の毒草であるトリカブトの仲間も加工して薬とされました。

　その一方で毒草を山菜と間違える事故は後を絶ちません。図鑑で毒草をよく学ぶと同時に、舌の感覚に鋭敏になることも重要です。アルカロイドは全般に苦い味がします。言い換えれば、私たちの舌は危険なアルカロイドの存在を「苦み」として検知し、飲み込むより前に、脳に警告を送っているのです。

　人類も長く植物の毒と闘いつつ、賢く利用もして生きてきたのです。

独特のフォルムをもつ多肉植物たち。乾燥に適応した巧みな生き方を紹介しましょう。

多肉植物の生きる知恵

キダチアロエの葉を
薄くスライスしてみた。
葉緑体を含む細胞や
維管束があるのは
表層だけで、
内部は広大な
貯水タンクとなっていた。

海辺の公園のキダチアロエ。南アフリカ原産の多年草で、江戸時代から薬用に栽培される。別名「医者いらず」。

体内の貯水タンク。水を蓄える仕組み

多肉植物とは、サボテンやベンケイソウの仲間のように、体の一部に多肉質の貯水組織をもつ植物の総称です。海岸や砂漠、岩壁など、厳しい乾燥にさらされる環境に適応して、水不足に耐える特殊な体の仕組みを発達させています。

植物も厳しい世界で生きています。水も光も栄養も豊富な場所で楽に生きようとすれば、数多のライバルとの激しい競争が待っています。極度に乾燥した環境で、貯水組織を発達させる、という方法で競争を避け、生きる道を切り開いてきたのが多肉植物です。

多肉植物のルーツは多岐にわたります。サボテン科やベンケイソウ科、ハマミズナ科のように科の大半が多肉植物という分類群があれば、トウダイグサ科やキョウチクトウ科、ツルボラン科のように一部が乾燥に適応して多肉植物となったものもあります。乾燥と高い塩分のダブルパンチをくらう海岸地帯では、ヒユ科やアカネ科、ナス科などさらに多くの分類群で多肉植物が進化しました。樹上生活を送る着生植物の一部も多肉質の茎や葉をもっています。

多肉植物の貯水組織は薄い細胞壁をもつ柔細胞の集まりで、多量の水をスポンジのように吸い込んでふくらみます。サボテンでは茎、ベンケイソウでは主に葉に

知ってる？
キダチアロエは南アフリカ原産。現地ではタイヨウチョウという鳥が蜜を吸って花粉を運びます。日本ではメジロが花に訪れます。

サボテンとその断面

茎の中心に維管束、表層に光合成を行う緑の組織、あとは多肉質の貯水組織だ。

発達し、根に水を蓄える植物もあります。多肉植物は、雨や霧を根や体表から吸収して貯水組織に蓄え、乾燥する時期はその水を少しずつ消費しながら、厳しい環境に耐えて生きるのです。

水の蒸発を防ぐつくり。特殊な光合成回路

貴重な水を守るために、多肉植物の多くは葉や茎の表面を厚いクチクラ層（ワックス層）で覆い、表面からの水の蒸発を防いでいます。玉サボテンのように体全体を球形に近づければ体積当たりの表面積が減り、さらに水の損失が抑えられます。サボテンは葉をつけることもやめて光合成も茎で行うなど、植物としての生き方も大きく転換させています。

変化は外形や構造にとどまりません。サボテンやベンケイソウの仲間は「CAM経路」と呼ばれる特殊な代謝経路をもっています。CAMはCrassulacean Acid Metabolismの略で、ベンケイソウ科（Crassulaceae）に見られる有機酸代謝という意味です。この代謝経路をもつ植物を「CAM植物」と呼び、サボテン科、トウダイグサ科、ツルボラン科のアロエ属などが含まれます。

一般に植物は光合成を行い、二酸化炭素を原料に、太陽の光のエネルギーを使って糖やデンプンをつくっています。このとき植物は葉の気孔を開けて空気中の二酸化炭素を取り込み

CAM植物の光合成の仕組み

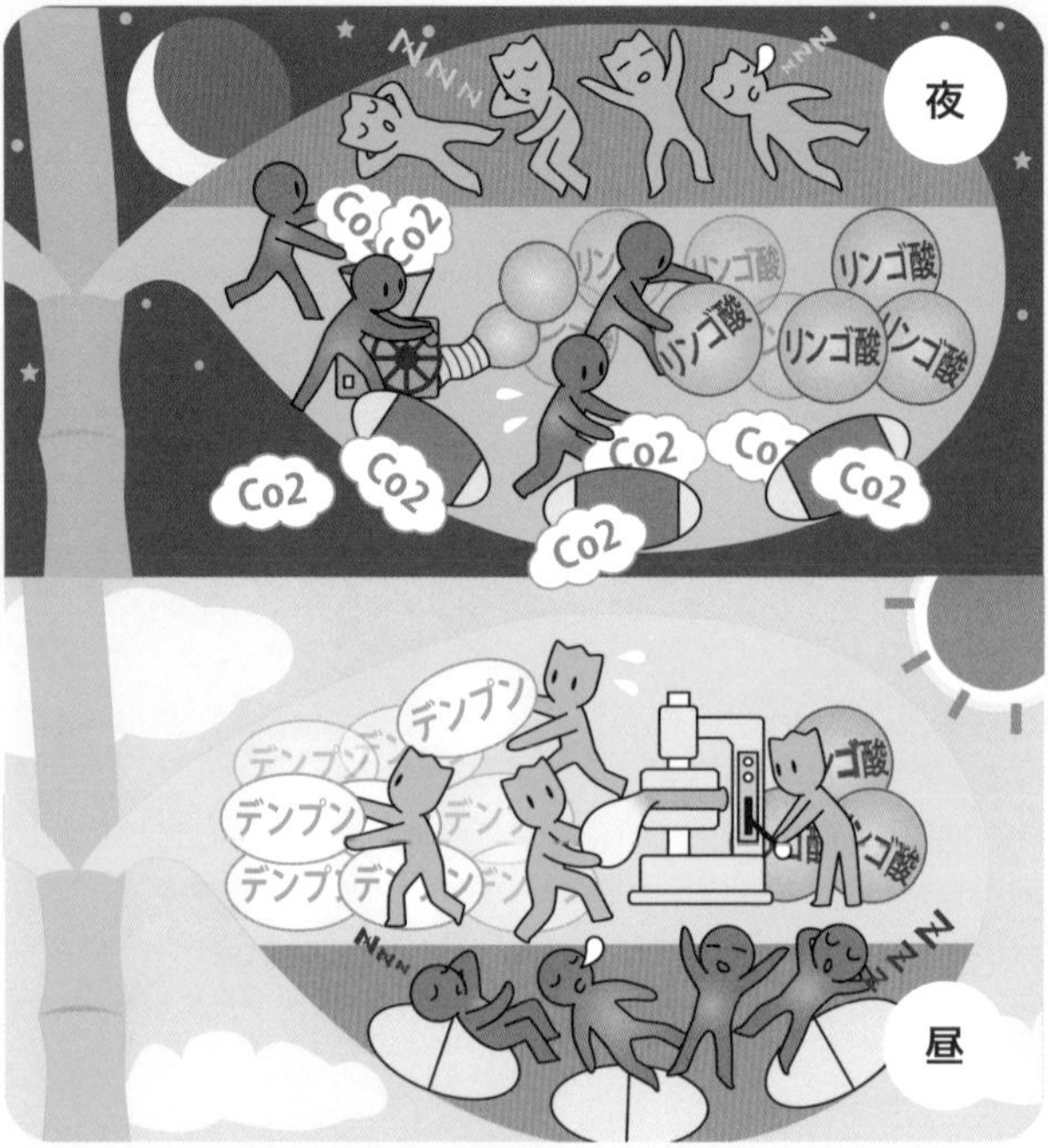

夜間に気孔を開けて二酸化炭素を吸収してリンゴ酸に変え、葉の内部に蓄えておく。昼間は気孔を閉じて水の蒸発を防ぎながら、蓄えたリンゴ酸から二酸化炭素を取り出し、光のエネルギーを使ってデンプンをつくる。

ますが、暑く乾いた日中に気孔を開くと、体内の水分が外に逃げてしまうという不利益が生じます。

そこでCAM植物は、夜間に気孔を開いて二酸化炭素を取り込むと、いったんリンゴ酸の形で葉内に蓄えます。そして昼間は気孔を閉じて水の損失を防ぎつつ、蓄えたリンゴ酸を分解して二酸化炭素を取り出すと、これで光合成を行うのです。手間とコストがかかるので光合成の効率は下がりますが、水の損失は最小限に抑えられるため、普通の植物が育たない厳しい乾燥地帯でも生きていけるというわけです。

知ってる？

ベンケイソウの名は、
土がカラカラに乾いていても我慢強く立ち続けるさまを弁慶にたとえました。

日本で見られる 多肉植物

タイトゴメは海岸の岩場に生える小さな多年草。名は、円筒形の葉を米粒にたとえたもの。

沖縄の海岸に自生するシロミルスベリヒユ。メセンやマツバギクと同じハマミズナ科の多年草。

イワレンゲ（ベンケイソウ科）。海岸や山の岩場に生える多年草。乱獲により絶滅が危惧されている。

サクララン（キョウチクトウ科）。亜熱帯性のつる植物で岩や木によじ登る。ＣＡＭ型光合成を行う。

とげの進化。身を守る工夫それぞれ

灼熱の砂漠では動物から身を守る知恵も必要です。サボテンは葉を鋭いとげに変え、のどの渇いた動物から大事な水を守っています。

サボテンはアメリカ大陸の固有植物ですが、アフリカの砂漠地帯に生育するユーフォルビアの仲間もとげだらけの太い茎を直立させ、見た目はサボテンにそっくりです。血縁的には赤の他人なのに、ともに乾燥環境に適応した結果、よく似た姿形になったのです（「進化の収れん現象」といいます）。

地下に貯水タンクを設置した植物もあります。一般に「コーデックス」と呼ばれる植物は地際や地下の茎や根に貯水組織を発達させて厳しい環境に耐えています。リトープスも砂の中に埋もれて生活し、葉の先端だけのぞかせて光を受けますが、その姿は小石に紛れ、動物も存在に気づきません。

海岸や山の岩場にも。日本で見られる多肉植物

日本でも多肉植物が見られます。

海岸の岩場でよく見られるベンケイソウ科のタイトゴメは園芸でいうセダムの仲間です。ヒユ科のアッケシソウやイソフサギ、ハマミズナ科のミルスベリヒユなども貯水組織の発達した円柱状の葉をつけます。南大東島で見たアツバクコは、花や実だけ見ればクコにそっくりですが、ヘラ形の葉は多肉質で、塩分を含んだ水を蓄えていました。

山の岩場に生えるツメレンゲやイワレンゲも厚い多肉質の葉をもち、花が咲く前の姿はバラの花を思わせて同じ科のエケベリアに似ています。岩や木の幹に張りつく着生植物やつる植物のなかにも、ラン科のボウランやキョウチクトウ科のサクラランのように茎や葉が多肉化してCAM型光合成を行うものがあります。

多肉植物は厳しい自然に耐えて生きてきた植物で、成長は遅く、育つのに長い年月を要します。野生のものは生育地が限られて数も少なく、絶滅が危惧されているものもあります。どうぞ大切にしてくださいね。

上／琉球列島の磯の最前線でイソフサギは塩水と乾燥に耐えて生きる。下／アツバクコ（ナス科）。野原でよく見るクコの近縁種で、小笠原諸島・大東諸島およびハワイに分布。サンゴ礁の岩場に生え、葉は多肉質。

知ってる？

サクラランは琉球列島に自生するつる植物で、ホヤとも呼ばれ、観葉植物として栽培もされます。ぼんぼりのように咲く花もきれい。

Michikusa
Wonderland
Guide

道草ガイド

植物をもっと楽しむために

Michikusa Wonderland Guide 1

花の役割とつくり

私たちは花に目を奪われます。
でも植物にとって、花はいわば通過点。
究極目標は実を結んでタネをつくることです。

植物は二度、旅をする

植物は動物と違って動けません。でもじつは二度、旅をする時期があります。

ひとつは種子のとき。種子は、風や水や動物を利用して、新しい場所に移動します。空間を移動するだけでなく、暑さや寒さや乾燥に耐えて季節も軽々と飛び越します。時には何十年、何百年という時間を飛び越えた先に芽を出すこともあります。種子は植物たちの時空間移動カプセルなのです。

もうひとつの旅は、花、つまり植物の「結婚」のときに行われます。雄しべでつくられた花粉は、雌しべに運ばれ、受粉、受精を経て、種子が生まれます。

風媒花と虫媒花

でも、どうやって花粉を運ばせるのでしょう。

虫を利用するのが「虫媒花」です。花は蜜と花粉のごちそうで虫を誘います。美しい花びらや芳香は虫への広告です。材料費や宣伝コストはかかりますが、虫は花から花へと飛ぶので、効率は悪くありません。

風を利用するのは「風媒花」です。風に対しては美食も装飾も無用なので、風媒花の花びらは退化して地味で蜜も香りもありません。花粉の行先は文字通りの風まかせですが、開けた草原や早春の落葉樹林では効率が良く、風媒花の比率が高くなっています。風媒花の代表的存在であるイネ科は草原地帯を中心に世界中で繁栄しています。

花のつくりと雌雄

花は、雄しべ、雌しべ、花弁、萼から構成されています。雌しべの基部のふくらみが「子房」で、「胚珠」を包んで守っています。雌しべの柱頭に花粉がついて受精が行われると、子房は「実」に、胚珠は「種子」に育ちます。

1つの花に雌しべと雄しべの両方がある花は「両性花」といいます。サクラ、ツツジ、タンポポなど大半の植物は両性花です。キュウリやカキには雌花と雄花がありますが、同じ株に雌雄がある点は同じです。イチョウのように雌株と雄株がある植物もありますが少数派です。

一般に動物は雌と雄が別々ですが、植物は雌雄同体が大多数です。自力で動けない植物は、キューピッドが来ない場合の保険として雌雄の器官を同じ株に配

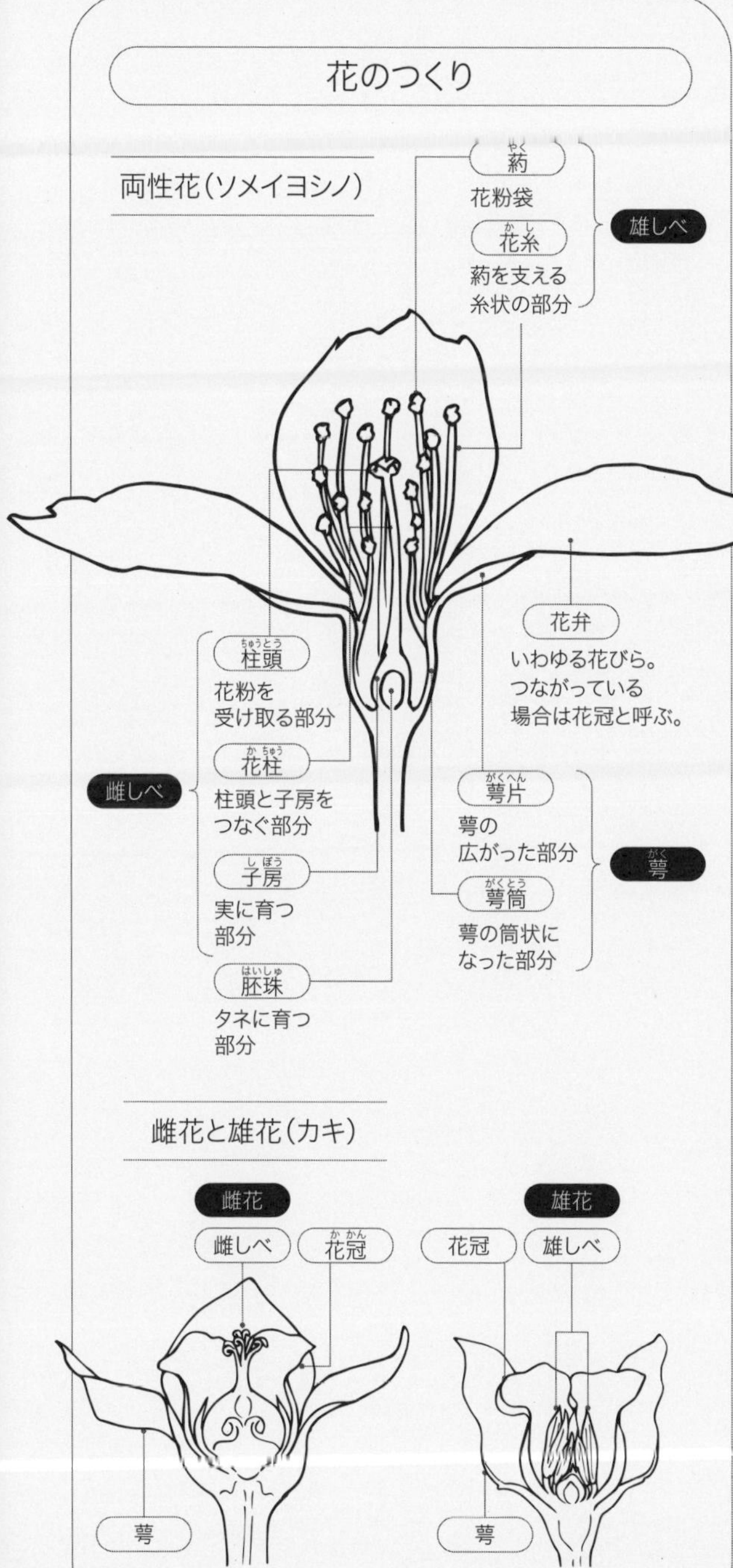

置するようになったということでしょう。

なぜ花を咲かせるの？

でも、なぜ植物はわざわざ花を咲かせるのでしょう。数を増やすだけなら、雄だの雌だのと面倒なステップを踏まずに、球根とか地下茎で増やしたほうがよほど早くて楽なのに。

球根とか地下茎で増えた株はすべて親と遺伝的に同一のクローンです。みな同じ性質なので、環境の急変や病気の流行によって全滅の可能性があります。

一方、花を咲かせてほかの株の花粉を受け取ってつくられた種子には、さまざまな遺伝子の組み合わせがあります。だからこそ長い歴史の中で生き残ることができました。いざとなったら自分の花粉で受粉するという抜け道を残しながらも、だから植物は花を咲かせるのです。

Michikusa Wonderland Guide 2

葉の役割とつくり

葉は植物の生産部門です。太陽の光を吸収し、光合成を行って栄養をつくったり、エネルギーをつくりだしたりしています。

葉っぱの工場

葉の内部には緑の粒をもつ細胞が並んでいます。この粒が葉緑体で、緑色の色素のクロロフィルや黄色い色素のカロテノイドを含んでいます。光エネルギーを使って大気中の二酸化炭素と水から糖をつくるしくみが光合成です。

糖を原料にタンパク質や脂質もつくられます。人を含めて動物は、直接、間接的に、植物を食べることで必要な栄養を摂っています。

葉の工場に土の養分や水を供給するのは葉脈です。葉脈には維管束と呼ぶパイプラインが通っていて、水や養分を根から葉に届けるのは道管、葉でつくった糖分を茎や根に運ぶのが師管です。葉脈は丈夫な繊維に守られ、葉を支える役割も担っています。

光を効率良く得るために、植物は枝を広げ、重なりを避けて葉を並べます。

落葉樹と常緑樹

空中に広げた平たい葉は、しかし、低温や乾燥に強くありません。そこで植物は、冬を前に葉を落とすか、コストをかけて冬の凍結や乾燥に耐える丈夫な葉をつくるかの選択をします。

冬に葉を落とすのが落葉樹で、低コストの薄い葉を広げます。一方、葉を厚く頑丈につくって表面もロウ質で覆い、1年以上にわたって稼働させるのが常緑樹です。

落葉樹は冬を前に、葉と枝の境を「離層」と呼ぶコルク質の組織でふさぎ、計画的に切り離します。葉の工場は閉鎖に際し、葉緑素を分解すると含まれていたチッ素やリンなどといった貴重な資源を枝に移動させます。紅葉や黄葉はこのリサイクル活動の一環です。

針葉樹の針状や鱗状の葉は寒さに強く、寒冷地に森をつくっています。

葉のつくりと形

植物の体は〈葉＋枝＋芽〉というユニットの連続でできています。枝を切られても葉の脇の芽（腋芽）が伸びてリカバーします。植物は動けない代わりに再生能力にたけているのです。

葉は光を受ける部分（葉身）と柄（葉柄）からなり、葉柄の長さや向きを調節して光を受けます。

1枚の葉が複数のパーツ（小葉）に分かれている葉は複葉といい、散るときに軸と小葉の各部分がバラバラになります。ひとつながりの葉は単葉と呼びます。

葉のつくり

複葉

羽状複葉

複数のパーツに分かれた
葉を「複葉」という。
腋芽は葉の付け根につき、
複葉の途中にはつかない。
ほかに、掌状複葉、
三出複葉などがある。

単葉

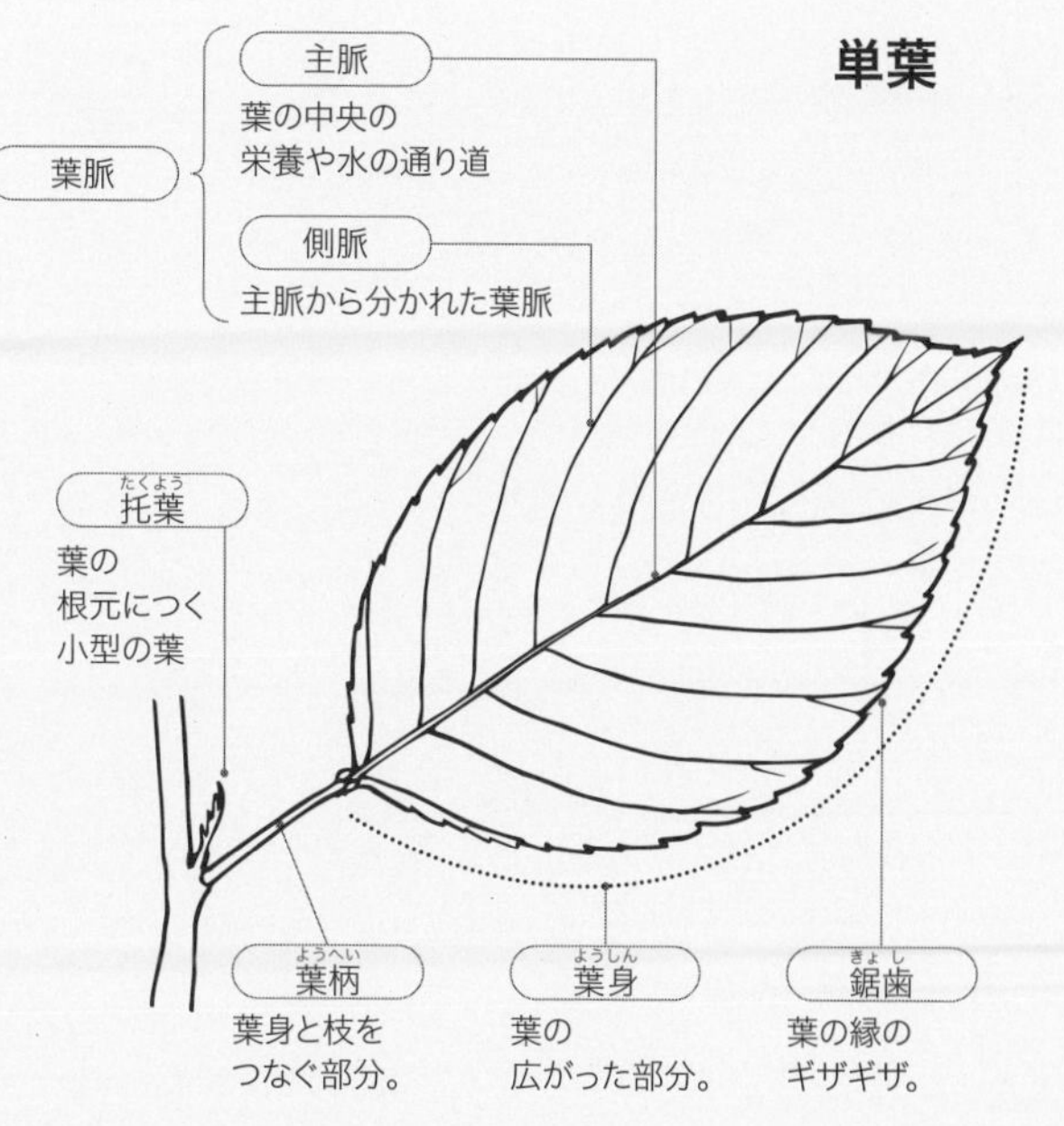

葉のつき方（葉序）

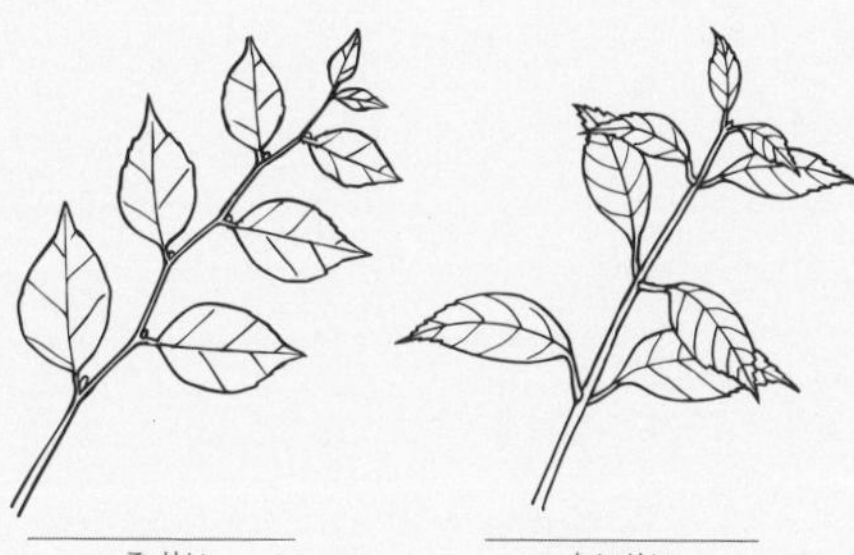

互生（ごせい）	対生（たいせい）	輪生（りんせい）
1枚ずつ互い違いにつく。クスノキ科、ブナ科、ミカン科、バラ科など多数。	2枚ずつ向き合ってつく。カエデ属、シソ科、アカネ科、ニシキギ科、モクセイ科など。	3枚以上が輪になってつく。キョウチクトウ、アカネ科など、ごく少ない。

Michikusa Wonderland Guide 3

植物の調べ方

まるで赤の他人だった植物も、名前がわかると顔見知りになります。何度も会ってくせや気質がわかるころには、親しい友だちになっています。

知らない植物に出会ったら？

観察する、記録する

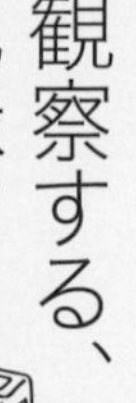

知らない植物を見つけたら、カメラやスマホで写真を撮っておきましょう。手帳にスケッチするのもいいですね。全体や花の姿だけでなく、葉の形とつき方、雌しべや雄しべの数、においなどにも注目します（あとで名前を調べるときにも役立ちます）。場所、日時、感想などもメモしておきましょう。旅の思い出にもなりますよ。採集可能な場所であれば一枝もらって標本にしましょう。

調べよう

なるべく実物を手にして、なければ写真やスケッチを見ながら、図鑑やアプリで名前を調べましょう。

ひと口に図鑑といっても、掲載種の揃った本格的なもの、地域の植物に特化したもの、山の花・野の花など環境別に分けてある図鑑、雑草図鑑などさまざまです。野山の樹木を調べるなら、葉の形で調べる検索図鑑が

便利です。最初は大変ですが、一つ植物を調べて正解にたどり着くごとに、似た植物を10種くらい調べることになるはずです。そうやって調べていると、調べた植物だけでなく、それに似た植物の知識もつき、しだいに顔見知りも増えていきます。主な科の見当がつくようになると、ぐっと楽になるでしょう。

最近は、写真を撮ったり特徴を入力したりすると、これかな？と名前を挙げてくれるスマホのアプリもあります。とても便利ですが、写真の撮り方しだいで見当違いの珍回答なんてことも。アプリで手掛かりを得たら、必ずその名前で改めて検索したり図鑑で調べたりして確認するようにしましょう。

押し葉をつくろう

採集した植物を押し葉にしてみましょう。つくりかたは簡単です。植物を新聞紙にはさみ、重いもの（図鑑など）をのせます。折れた葉を直したり、葉の裏も見えるように形を整えたりしながら新聞紙を毎日交換すると、一週間程度で乾きます。虫や湿気に気をつけて保管しましょう。

押し葉標本には写真などのバーチャルにはない利点があります。植物のもつ特徴を細かい毛や細胞のレベルまで保存して観察できるという点で、実物に優るものはないのです。裏も見られたり触れたりルーペで見たりできる状態にしておけば、植物を覚える上で勉強になります。

リンネやシーボルトがつくった押し葉も当時の姿のまま、種の基準となる重要な標本として今も大切に保管され、研究に役立てられています。

Michikusa Wonderland Guide 4

植物の名前、学名

街路樹や公園などでも見かける植物のネームプレート。
じつは、この情報だけでも楽しめます。

和名
学名
イチョウ
Ginkgo biloba L.
イチョウ科
属名
種小名
命名者名
科名

学名と和名

よく公園の木にこんなプレートを見かけます。これは種名の表示板。イチョウは和名、*Ginkgo biloba* L. はイチョウという種の学名です。

学名は国際命名規約に基づく世界共通の名で、動物も含めて生物はすべて種別に学名がつけられています。

学名は属名＋種小名の組み合わせで表します。人の名前を姓＋名で表すのと似ていますね。イチョウの種小名のbilobaのbiは2、lobaは裂片という意味のlobeをラテン語化したもので、イチョウの二つに裂けた葉のかたちを表しています。末尾のL.はイチョウの命名者で分類学の祖として知られるリンネLinnaeusの略号です。学術的には命名者名も必須ですが、一般にはよく省略されます。

和名は日本での呼び名です。学名と違って厳密な規則はありませんが、標準的な名を標準和名とし、教科書など科学的な記述の際はカタカナで書きます。

種（しゅ）、属、科

種（しゅ）は、生物分類上の基礎単位で、共通の特徴をもち、個体間での交配が世代を重ねても可能である生物の集団として定義されます。その1つ上の単位は属で、上の例でいえばイチョウという種はイチョウ属に含まれます。さらに属より1ランク上のまとまりを科といいます。同じ科の植物は共通の祖先をもち、特徴も似ています。たとえばシソ科の植物は葉に香りがあり、茎は四角く、花は上下に分かれた唇のような形をしています。植物図鑑は科の順に並べてあるものが多いので、科の特徴をつかめば名前調べも楽になります。

変種、亜種、品種、園芸品種、交配種

同種でも形態的に異なる

特徴をもつ集団は、亜種、変種、または品種に分けられます。地理的に隔離されて交雑が起こらず形態が大きく異なるものは亜種（subsp.またはssp.）、地域や環境により形態や生態に遺伝的な変異をもつものは変種（var.）とされます。偶発的に生じる白花品などは品種（f.）として扱われます。

園芸植物や作物で人為的に選抜、改変されたものは、栽培（園芸）品種（cv.）といい、種名の後に品種名を記します。元となった野生種は「原種」と呼ばれます。複数の原種の交配によって自然界にはない新しい種類がつくられることもあり、栽培（園芸）種といいます。学名の種小名の前に×がついていたら交配種という意味です。

植物の進化と新しい分類体系

新しく刊行された図鑑を開くと、科の名前が以前とはかなり変わっています。たとえばムラサキシキブはクマツヅラ科からシソ科に、オオイヌノフグリはゴマノハグサ科からオオバコ科に、カエデ科はムクロジ科の一部に、といった具合です。

従来の分類は、おおざっぱに言えば、花を中心に植物の形を調べ、似たものを仲間とするものでした。しかし近年、ＤＮＡなど生物のしくみや進化の道筋が解明され、同じ祖先をもつものが近い仲間であるという考え方に転換しました。こうして構築されたのがＤＮＡに基づく「ＡＰＧ分類体系」で、研究の進展とともにバージョンアップを重ねています。本書もこれに沿っています。

学校で「被子植物は双子葉植物と単子葉植物に分けられる」と教わった方もおられるでしょう。でも新しい分類体系では、双子葉植物と単子葉植物が分かれるより前に、原始的な被子植物が存在したことが示されています。それがスイレンやシキミ、センリョウ、モクレンなど、古い時代にルーツをもつ原始的被子植物（基部被子植物）で、恐竜が栄えていた中生代の白亜紀以降に化石が出てきます。

こうした背景から、最近の専門的な図鑑は、原始的被子植物、単子葉植物、真正双子葉植物（原始的被子植物以外の双子葉植物）に分けて植物を配列しています。

ミスが、そのまま学名に？

ところでイチョウの属名*Ginkgo*はどういう意味なのでしょう。

じつはおもしろいエピソードがあります。イチョウの押し葉標本は、江戸時代の日本で採集されてヨーロッパに渡りました。漢字の「銀杏」は「イチョウ」または「ギンナン」と読みますが、どこかで間違えて「Ginkyo（ギンキョウ）」となり、さらにyをgに取り違えたため、Ginkgoが正式な学名となってしまったのです。欧米ではギンクゴではなくギンコーと呼び、ギンナンはギンコーナッツと呼んでいます。

Michikusa Wonderland Guide 5

用語解説

五十音順

アルカロイド

主に植物がつくりだす体の構成成分以外の有機化合物で、チッ素原子を含むものの総称。主に防衛のためにつくられ、ほとんどの場合、食べれば有毒に働く。例：ニコチン、カフェイン、リコリン、モルヒネなど。

アントシアニン

アントシアニンは植物がつくる色素で、葉や花、実などに広く含まれ、pH、温度、金属イオンなどによって橙黄色から赤、紫、青までさまざまに発色する。有害な紫外線を吸収して抗酸化作用もあるフラボノイド色素の一つで、植物にとって強すぎる光を防ぐサングラスの役割を果たし、秋の紅葉に際しても主役となる。花や果実でも合成されて虫や鳥の目を引く広告として働く。

一年草（いちねんそう）

種子から育って1年のうちに花を咲かせて実をつけると枯死する草のこと。秋に発芽して春に開花するタイプは越年草もしくは冬一年草という。園芸では春にタネをまいて育てるものを「春まき一年草」、秋にタネをまいて育てるものを「秋まき一年草」と呼ぶ。

外来種

国外から持ち込まれた生物のこと。これに対して、もともと自然に分布していたものは「在来種」という。中にはセイタカアワダチソウのように野外で繁殖して、環境や生態系に影響を及ぼすものもある。外国からだけでなく国内の移動であっても、もともと分布していない地域に持ち込まれた場合は国内外来種となる。環境省は特に生態系への影響が深刻な海外からの外来種を「特定外来生物」に指定して、販売や栽培、譲渡、移動などを禁止している。

カロテノイド

植物のつくる色素で、植物の葉や花や実などに広く含まれ、黄色から橙色、赤にかけての色調を呈する。葉では、太陽の光を吸収して光エネルギーを葉緑素（クロロフィル）に受け渡す役割をはたすアンテナ色素として働いている。花の黄色やオレンジ色、秋の黄葉、ニンジンのオレンジ色もカロテノイドの色である。動物はカロテノイドを合成できないが、植物を食べることで体内に取り込み、体に必要なビタミンAなどの栄養素として利用している。

気根（きこん）

空中に伸びる根。形状や働きはさまざまで、その役割によって、植物体を支える支柱根、呼吸をするための呼吸根、幹や壁に張り付く付着根、などと呼び分けられる。

距（きょ）

「距」とはもともとニワトリの蹴爪（けづめ）のことだが、植物では花の背後や基部などに突き出した中空のでっぱりのことをいう。内部には蜜が貯まっており、虫が蜜を吸うために花の距に口を差し入れると、花粉が体について運ばれるしくみになっている。スミレでは花弁の一部、オダマキでは萼の一部が距になる。

クロロフィル

植物の主に葉に含まれる緑色の色素で、葉緑素とも呼ぶ。太陽の七色の光のうち、ことに赤や青の波長の光を効率よく吸収する。これが光エネルギーを化学エネルギーへと変換する植物の光合成というしくみの最初のステップとなる。

常緑樹

葉の寿命が1年以上あり、1年を通じて、緑の葉が茂っている樹木のこと。

装飾花

ガクアジサイの花序の外周にあるよく目立つ花のように、花序の中でひときわ大きな花びらを持つ花のこと。目立つことで花粉を運ぶ虫を誘う働きをする。ふつう雌しべや雄しべは退化していて実は結ばない。アジサイ科のアジサイやガクウツギでは萼が大きく発達して花びら状となるが、外見のよく似たガマズミ科のヤブデマリやカンボクでは外周の花の花弁が大きく発達する。

多年草

何年も生き続ける草。冬に地上部が枯れて地下茎や球根で過ごすもの（夏緑多年草、園芸では宿根草とも呼ぶ）と、冬も葉をつけている常緑のもの（常緑多年草）がある。多くの場合は一生に何回も花を咲かせて繁殖を繰り返すが、リュウゼツランのように何年も葉だけをつけ続けた後に花を咲かせるとその株は種子を残して枯死するという一回繁殖型の多年草も存在する。

着生植物

ラン科のセッコクやシダのオオタニワタリのように、木の幹や岩に根ではりついて生育する（＝着生する）植物のこと。高い位置で光を浴びられる生活場所として木を利用しているだけで、水や栄養を奪うことはしない。

つる植物

ほかの植物を利用して茎を長く伸ばしてよじ登る植物。フジやアサガオのように茎が巻きつきながら登るタイプ、ブドウやゴーヤのように巻きひげで巻き付くタイプ、キヅタやテイカカズラのように気根ではりついて登るタイプ、ノイバラやサルトリイバラのように逆さとげで引っかけて登るタイプがある。茎が自立しなくても済む分、一般に成長が早い。他の植物が成長した後からつるを伸ばすため、一般に春の発芽は遅めになる。

頭花（とうか）

タンポポやヒマワリのように、小さな花が密に多数集まって全体が1個の花のように見えている花（本当は花序）のこと。頭状花序ともいう。キク科、マツムシソウ科など。

二年草

種子から育つが最初のシーズンは開花せず、二年目に茎が伸びて開花、結実して枯死する草。明るい開けた場所に生育し、幼植物は地面に葉を放射状に広げたロゼットの形をとるものが多い。マツムシソウ、マツヨイグサ、ビロードモウズイカなど。

フラボノイド

植物のつくる色素群で、有害な紫外線を吸収することで植物を紫外線から守る働きをする。吸収する光波長域によって目に見える色は違い、フラボノイド色素を含んでいても紫外線を見ることのできない人の目には白い花とうつる場合もある。アントシアニンもフラボノイドの一種。化学構造からいえばポリフェノールの一種ということになる。

ベタレイン

植物がつくる色素で、鮮やかな赤紫色を呈する。ナデシコ目の一部のサボテン科、ヒユ科、スベリヒユ科、ヤマゴボウ科、オシロイバナ科などではアントシアニンの代わりにベタレインがつくられ、紫外線吸収の働きを担っている。アントシアニンやフラボノイドとは違って分子構造の一部にチッ素原子を含む。

落葉樹

1年のうちで落葉する時期がある樹木。日本のような温帯地域では、気温が低下する冬に葉を落とし、春に再び葉を広げる落葉樹が多く見られる。落葉樹の葉の寿命は数カ月程度と短く、一般に常緑樹に比べて薄く耐久性に乏しい。落葉樹の大半は広葉樹だが、針葉樹の中にもカラマツやメタセコイアのような落葉性の種類もある。

Michikusa Wonderland Guide 6

さあ、出かけよう！ 道草を楽しもう！

植物は私たちのすぐ近くにいます。

庭の花や街路樹、それに道端の雑草たち。なんとなく知っているつもりでも、あれ？よく見ると意外な発見が。

五感を駆使して「見て」みれば、植物の知恵や不思議が見えてきます。虫や鳥や菌類などとの関わりにも目を向ければ、さらに世界が広がります。

いつもの道も何度もたどれば、季節の変化や植物の成長に気づきます。

「道草」を楽しんでくださいね。

拡大レンズで見る

虫の目線で見る花や葉は、きらきら驚きの玉手箱。雑草の花も宝石細工に変わり、毛の美しさにも驚きます。デジカメやスマホを使ってマクロ撮影も！

手に取ってみる

植物を手に取って、撫でたり裏返したり透かしたり、いろんな角度から観察を。ちぎってにおいも確かめましょう。

植物のメッセージが読み解けるかも？

しゃがんでみる

子どもの視点に身を置くと、小さな世界が見えてきます。葉っぱや花が目の前に大きく現れて、小さな虫だって、あれっ、こんなふうに見えるんだ！

測る、数える

多い、大きい、……と言われても、どのくらい？　花の大きさやタネの数など、実際に測ったり数えたりして記録してみましょう。人に伝わり、科学にもつながります。

描いてみる

手に取ってよく見てスケッチしてみましょう。ただ見るだけでは気づけない発見がありますよ。大切な記録にもなります。絵はがきやカードにしても素敵！

遊ぼう

春はヨモギやツクシ摘み。秋はカヤの実、クリ拾い。野原で花冠を編み、つるでリースをつくってみましょう。四季の輝きを楽しんで、自然の恵みに感謝しましょう。

持ち物

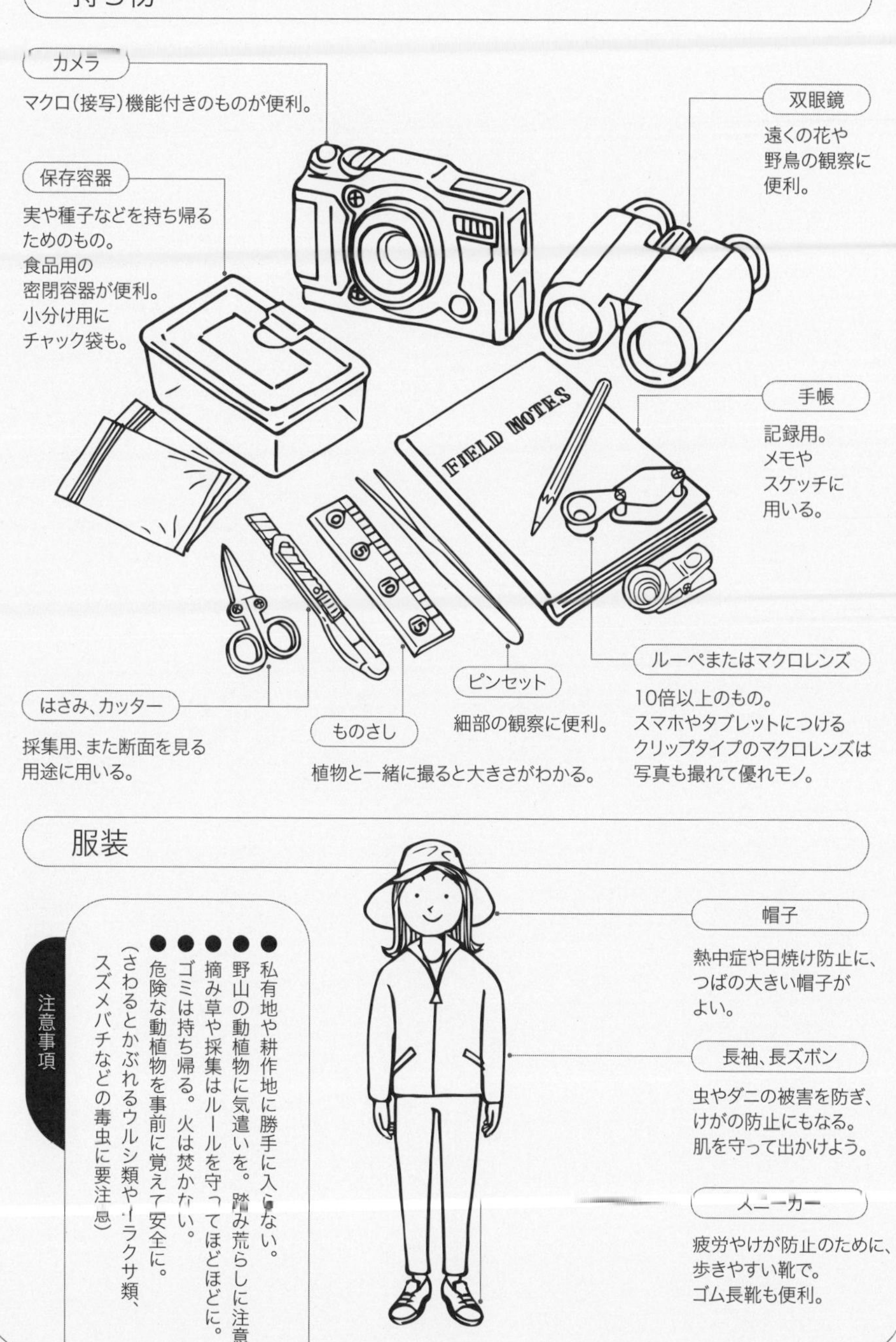

カメラ

マクロ（接写）機能付きのものが便利。

双眼鏡

遠くの花や
野鳥の観察に
便利。

保存容器

実や種子などを持ち帰る
ためのもの。
食品用の
密閉容器が便利。
小分け用に
チャック袋も。

手帳

記録用。
メモや
スケッチに
用いる。

ルーペまたはマクロレンズ

10倍以上のもの。
スマホやタブレットにつける
クリップタイプのマクロレンズは
写真も撮れて優れモノ。

はさみ、カッター

採集用、また断面を見る
用途に用いる。

ものさし

植物と一緒に撮ると大きさがわかる。

ピンセット

細部の観察に便利。

服装

帽子

熱中症や日焼け防止に、
つばの大きい帽子が
よい。

長袖、長ズボン

虫やダニの被害を防ぎ、
けがの防止にもなる。
肌を守って出かけよう。

スニーカー

疲労やけが防止のために、
歩きやすい靴で。
ゴム長靴も便利。

注意事項

- 私有地や耕作地に勝手に入らない。
- 野山の動植物に気遣いを。踏み荒らしに注意。
- 摘み草や採集はルールを守ってほどほどに。
- ゴミは持ち帰る。火は焚かない。
- 危険な動植物を事前に覚えて安全に。
（さわるとかぶれるウルシ類やイラクサ類、
スズメバチなどの毒虫に要注意）

Michikusa Wonderland Guide 7

この本で出会える植物

ア行

カ行

サ行

Michikusa
Wonderland
Guide

第三章

秋の道草

Autumn

ジュズダマ

里の水辺や野原の多年草。実を集め、糸を通して数珠や首飾りに。

秋の道草 その1

ふわふわ、くるくる、風に乗って旅立っていくさまざまなタネたち。手に拾い上げてよく見れば、その巧みな機能と美しい造形に驚きます。

鳥の羽毛に似てる！

ノアザミ（キク科）のわたげのタネ。日本のアザミの代表種。春から秋にかけて咲き、頭花は径4〜5㎝、多数の筒状花がポンポン状に集まる。

飛ぶタネ

ふわふわのわたげ 空中を漂う パラシュート

アザミの紫色の花も晩秋にはこぼれんばかりの白いわたげでふわふわです。タネを1つ取ってよく見ると、毛の一本一本が鳥の羽毛のように枝分かれしています。同じキク科でもタンポポのわたげとはデザインがちょっと違うのですね。

誰からともなく話を聞く「ケサランパサラン」とは幸せを運んでくるという謎の生き物。ふわふわの毛玉のような姿といわれています。もしかするとその正体はアザミかガガイモのタネだったのかもしれません。わたげを広げたガガイモのタネは径6㎝にもなり、小春日和の青い空を上昇気流に乗ってふわり、ふわーりと漂うのです。

回転するプロペラ翼 すーっと飛ぶ 滑空翼

ヘリコプターやグライダーによく似た飛び方をするタネもあります。カエデの仲間はタネの端にプロペラ翼をつけ、枝を離れると高速で回転しながらゆっくり落ちます。滞空時間を延ばす間に風に乗って遠くまで移動するのです。翼の表面のすじが気流を整えて揚力を増します。

風に乗るプロペラ翼は比較的大きなタネを運ぶことができるので、暗い場所で

わたげで飛ぶタネ

セイヨウタンポポ

ノアザミ

ガガイモ

知ってる？

釈迦がその下で悟りを開いたという「菩提樹」はクワ科の熱帯樹インドボダイジュ。気温の低い中国や日本では代用に葉の形の似たシナノキ科の木をボダイジュと呼んで植えました。

翼をつけて飛ぶタネ

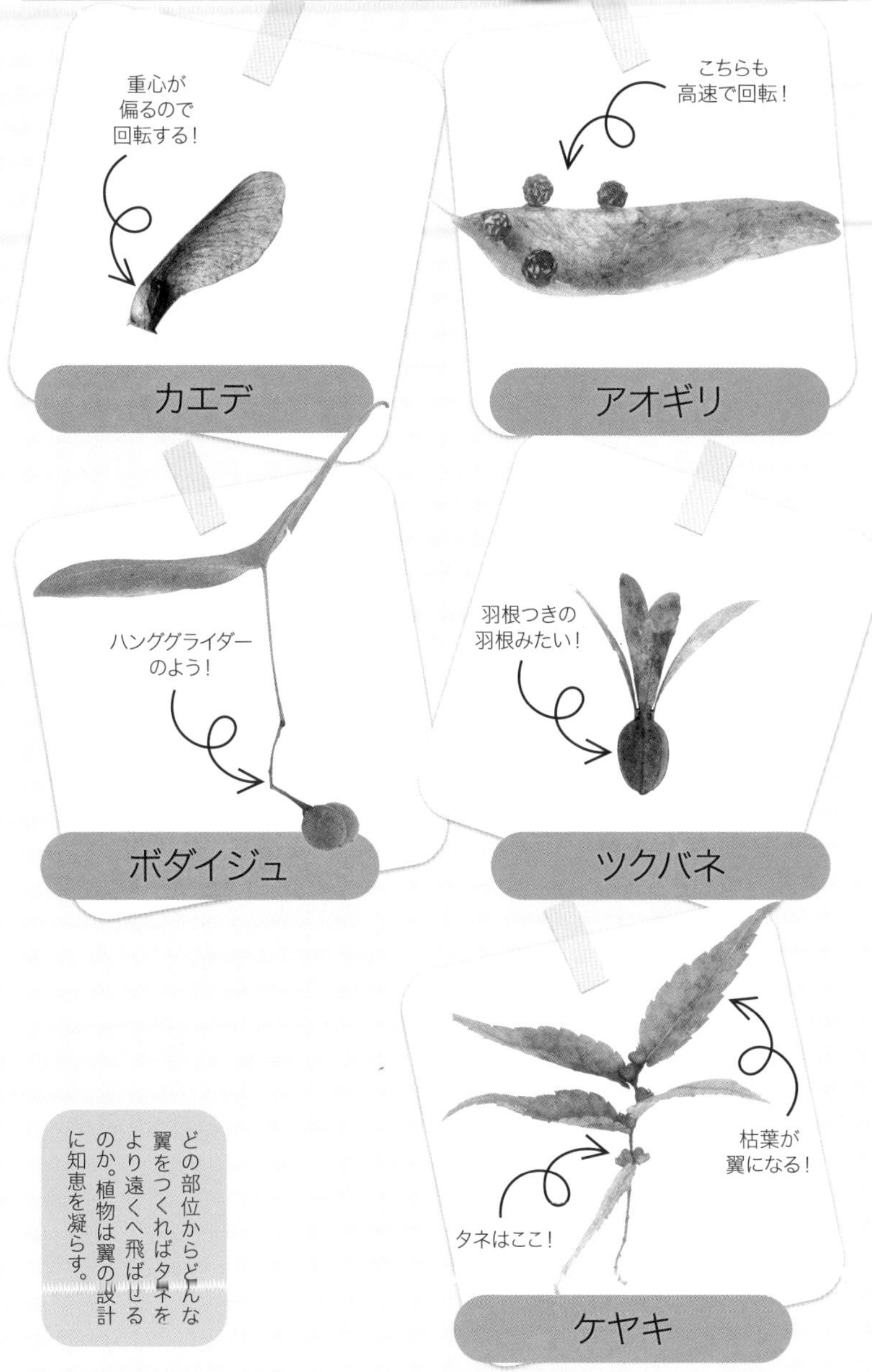

どの部位からどんな翼をつくればタネをより遠くへ飛ばせるのか。植物は翼の設計に知恵を凝らす。

アルソミトラ・マクロカルパ

うすい羽根は、差し渡し約13cm!

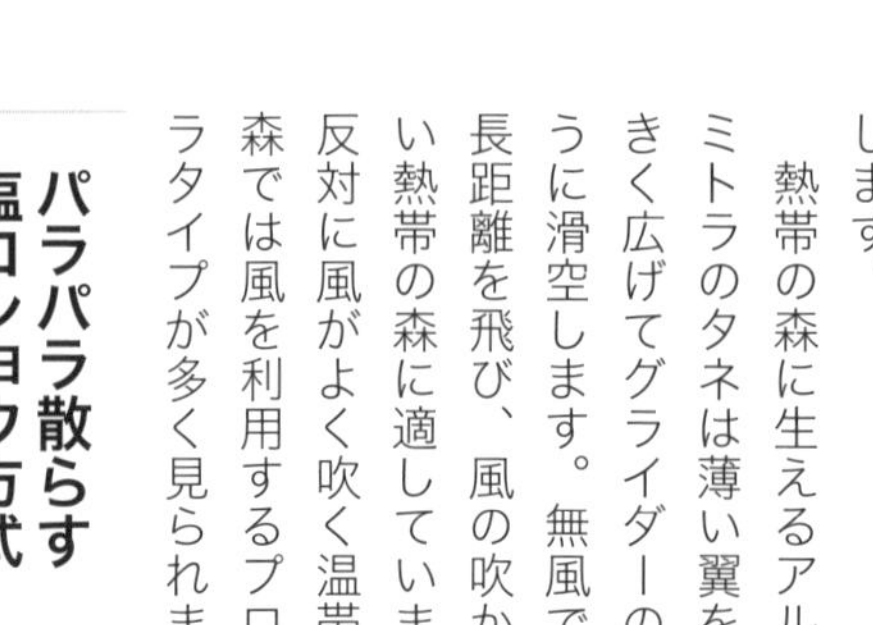

育つ林の樹木によく見られます。翼の形はさまざまで、アオギリの実は手漕ぎボート、ボダイジュの実はハンググライダー、ツクバネの実は正月の羽根つきの羽根の形にそっくりです。ちょっと変わっているのはケヤキで、枯れた葉を翼代わりに実つきの小枝を飛ばします。

熱帯の森に生えるアルソミトラのタネは薄い翼を大きく広げてグライダーのように滑空します。無風でも長距離を飛び、風の吹かない熱帯の森に適しています。反対に風がよく吹く温帯の森では風を利用するプロペラタイプが多く見られます。

パラパラ散らす塩コショウ方式

わたげや翼がなくてもタネが小さければ風に軽々と散ります。こうした植物は、実の口を上向きに開き、強風に揺れて細かいタネを塩コショウのように振りまきます。タネが小さいと芽も小さくなり、暗い場所では不利に働くので、このタイプの植物の多くは明るい草原や崖地に生える植物です。「卯の花」として知られるウツギもその例で、タネは崖地や岩のすき間に落ちると、明るい光を浴びて芽を出します。

近くの公園や里の野山など身近な場所でも飛ぶタネはいろいろ見つけられます。ぜひ手に取って観察し、楽しく飛ばして遊んでくださいね。

知ってる?　アルソミトラは熱帯のウリ科のつる植物で高い木によじ登ります。タネのつくりはグライダーの翼の設計にも応用されています。

パラパラ散って飛ぶタネ

実は熟すと乾いて口を開き、風に揺れて微細な種子を振りまく。こんなタイプの実は、草原の草や明るい崖地の低木などに多く見られる。

秋の道草 その2

果物のおいしい季節です。
ところで、果物のどの部分を
私たちは食べているのでしょう？

この植物には雄花と雌花がある。雌花の中央には雌しべの柱頭が見える。雌花だけの品種もあり、タネなしのフルーツが育つ。答えは107ページに。

果物のつくり

こちらは雄花。

花から実へ、多様なる変身

まずは花のつくりの復習です。花の基本は、萼（がく）、花弁（花びら）、雄しべ、雌しべ。雌しべの「子房」の部分が実に育ち、子房の壁（果皮）に守られて種子の赤ちゃん（胚珠）が育ちます（P82参照）。

基本は共通でも、最終的な実の形やつくりは、運ばれ方によって大きく異なります。カエデでは果皮の一部が翼になり、回転しながら空を飛びます。ココヤシの種子は厚いコルク質の果皮を浮きにして海流に乗って旅します。ヌスビトハギの実は果皮にかぎ針をつけて人や動物に付着します。

果皮が柔らかな果肉となって種子を包み、鳥や哺乳類が食べて種子を運ぶ実もあります。そうした実のなかで、人が食べてもおいしい実を一般に果物と呼んでいます。

種子は堅く丈夫につくられていて、消化管をスルーして外に出されます。人も含めて動物は、味や香りに誘われて果物を食べて種子をばらまくよう、仕向けられているのです。

子房が果肉に太る、正統派？の果実

子房は、外果皮、中果皮、内果皮の3層に分かれて育ちます。多くの場合、外果皮が果実の皮になり、中果皮が果肉に育ちます。

カキの実を切ってみます。「へた」は花の萼だった部分。皮は外果皮、食べるのは中果皮の部分です。よく見ると種子のまわりにゼリー質がありますが、これが内果皮で、動物の歯を逃れて喉の奥にすべり込む潤滑剤の役割をしています。

モモも食べるのは中果皮です。内果皮はコルク質の堅い殻となって、種子を厚く囲んでいます。この堅い内果皮と種子が一体化したものは「核」とか「さね」と呼ばれ、大事な種子を動物の歯から守っています。ウメの実やサクランボも同様のつくりです。

ミカンはどうでしょう。皮は外果皮、白いワタの部分が中果皮、袋が内果皮です。私たちが食べている果肉は、内果皮に生えたジューシーな毛です。

キウイフルーツは外果皮も果肉に育ちます。

子房以外が果肉になった「偽果（ぎか）」の果実

リンゴの実の食用部分は、内果皮でも中果皮でもなく、花びらや雄しべ、雌しべを支える花の土台（花托（かたく））の部分です。リンゴの「芯」が子房にあたり、うっすら線が見えます。リンゴのくぼんだ「お尻」を見ると、ほら、5枚の萼裂片が見えています。

リンゴのように子房以外の部分が果肉になった実を「偽果」と呼びます。イチゴも偽果で、食用部分は花托、表面のつぶが実です。

果物を切るとき、食べるとき、ちょっと観察してみてください。

知ってる？

イチジクも偽果の1種で、花の集まりを包む「花のう」が多肉質に育ちます。花自体は外から見えないまま実が熟すので、「無花果」と名前がつきました。

花から実へ、それぞれの変身

カキ

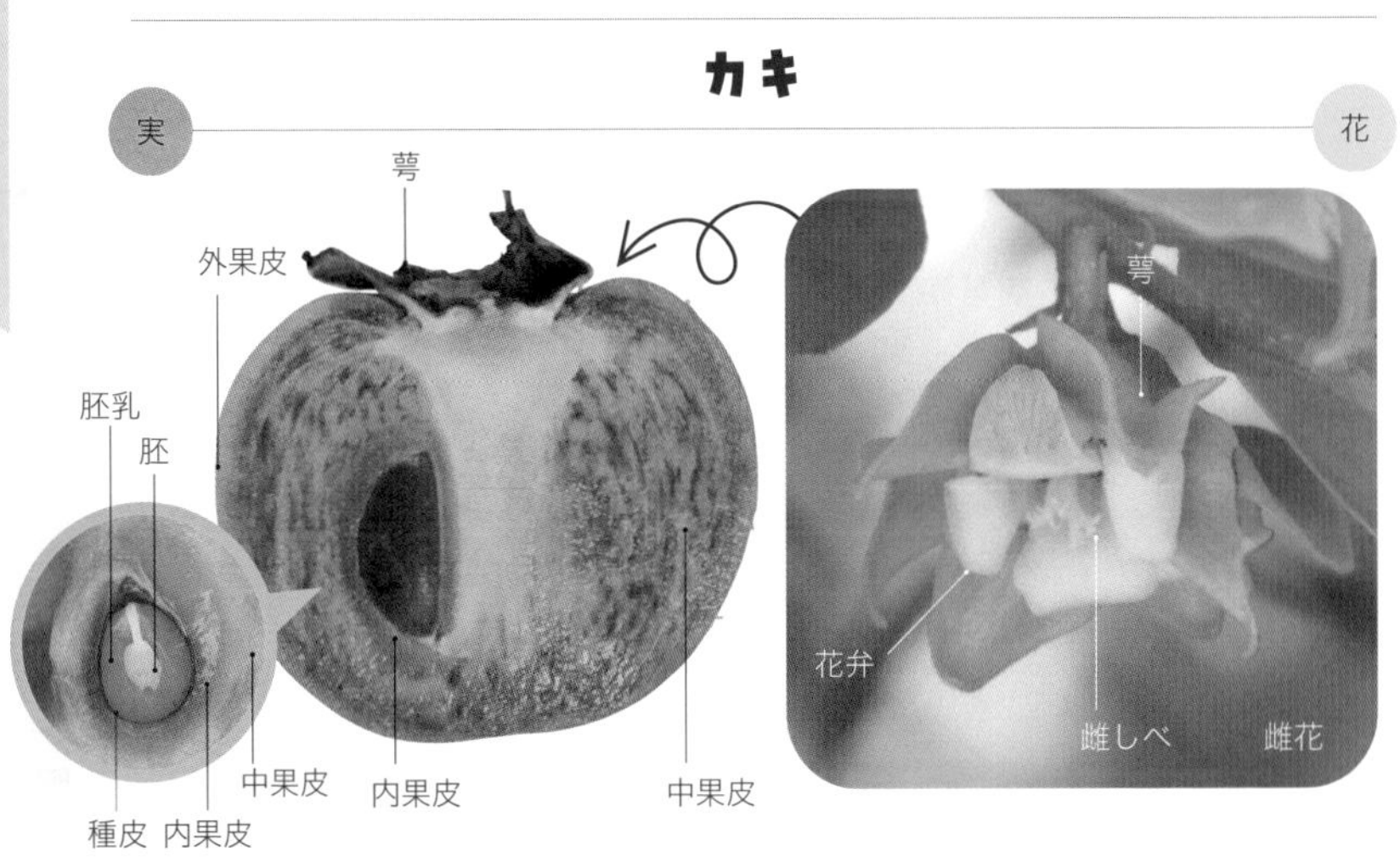

サクラ

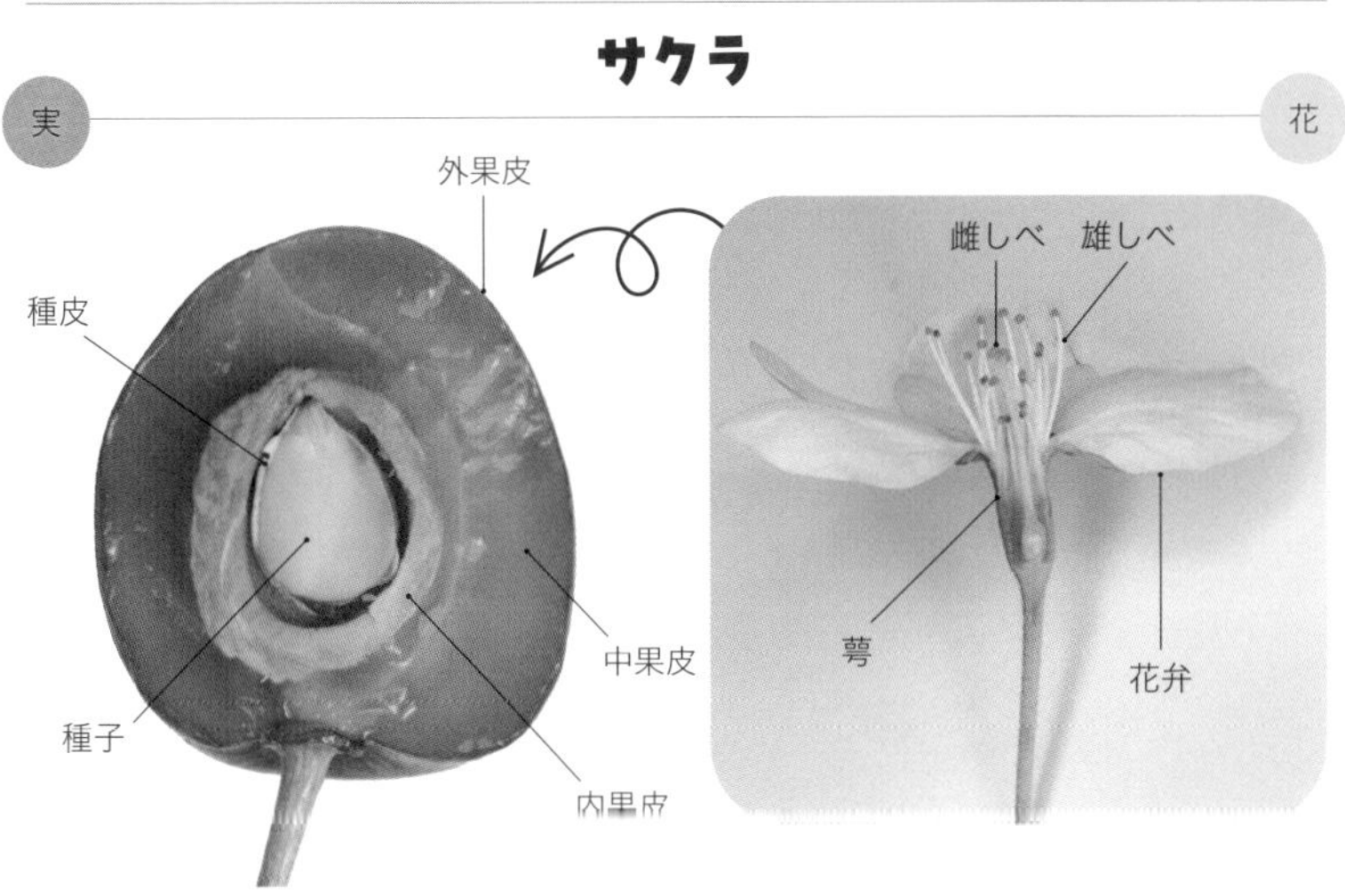

花から実へ、それぞれの変身

リンゴ

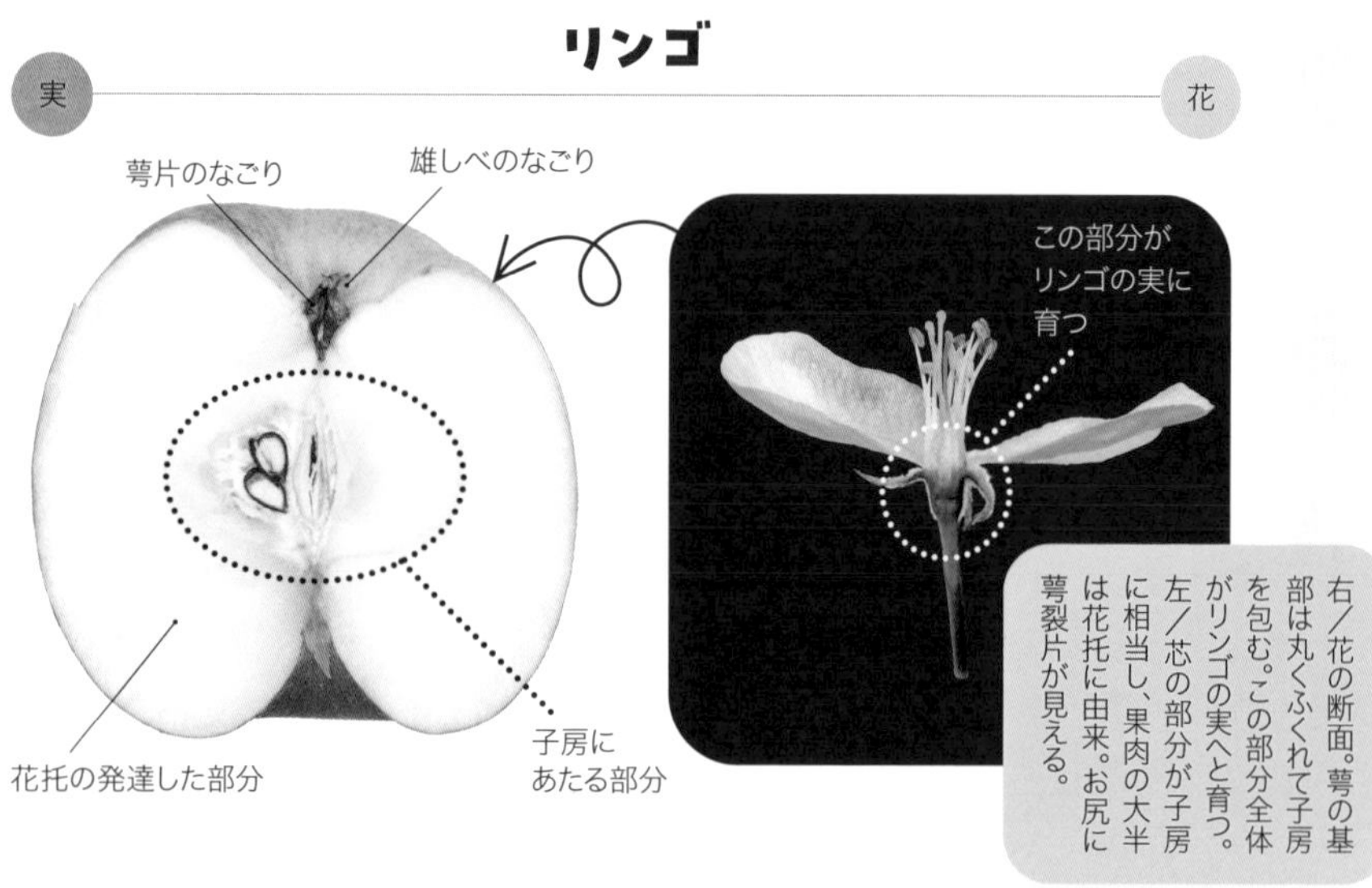

右／花の断面。萼の基部は丸くふくれて子房を包む。この部分全体がリンゴの実へと育つ。左／芯の部分が子房に相当し、果肉の大半は花托に由来。お尻に萼裂片が見える。

イチゴ

右／花の中心部に注目。ドーム状に盛り上がった多数の雌しべに、イチゴの原形が見てとれる。左／果肉は花托の発達したもの。つぶつぶの「タネ」こそがイチゴの実だ。

知ってる? 痩果(そうか)とは、ごくうすい痩せた果皮が種子を包んだ実をいいます。
イチゴのつぶつぶのタネのほか、ヒマワリやタンポポのタネも痩果の例です。

キウイフルーツ

実　花

萼のなごり

表皮

外果皮

内果皮

果心
（胎座〈種子のへその緒〉に由来）

雄花

雌花

右／雌株と雄株があり、雌株に実がなる。雌花には大きくふくらんだ子房があり、これが実に育つ。
左／例外的に外果皮が果肉に育つ。種子を含む層は内果皮。毛の生えた皮は表皮に由来。

ユズ

実　花

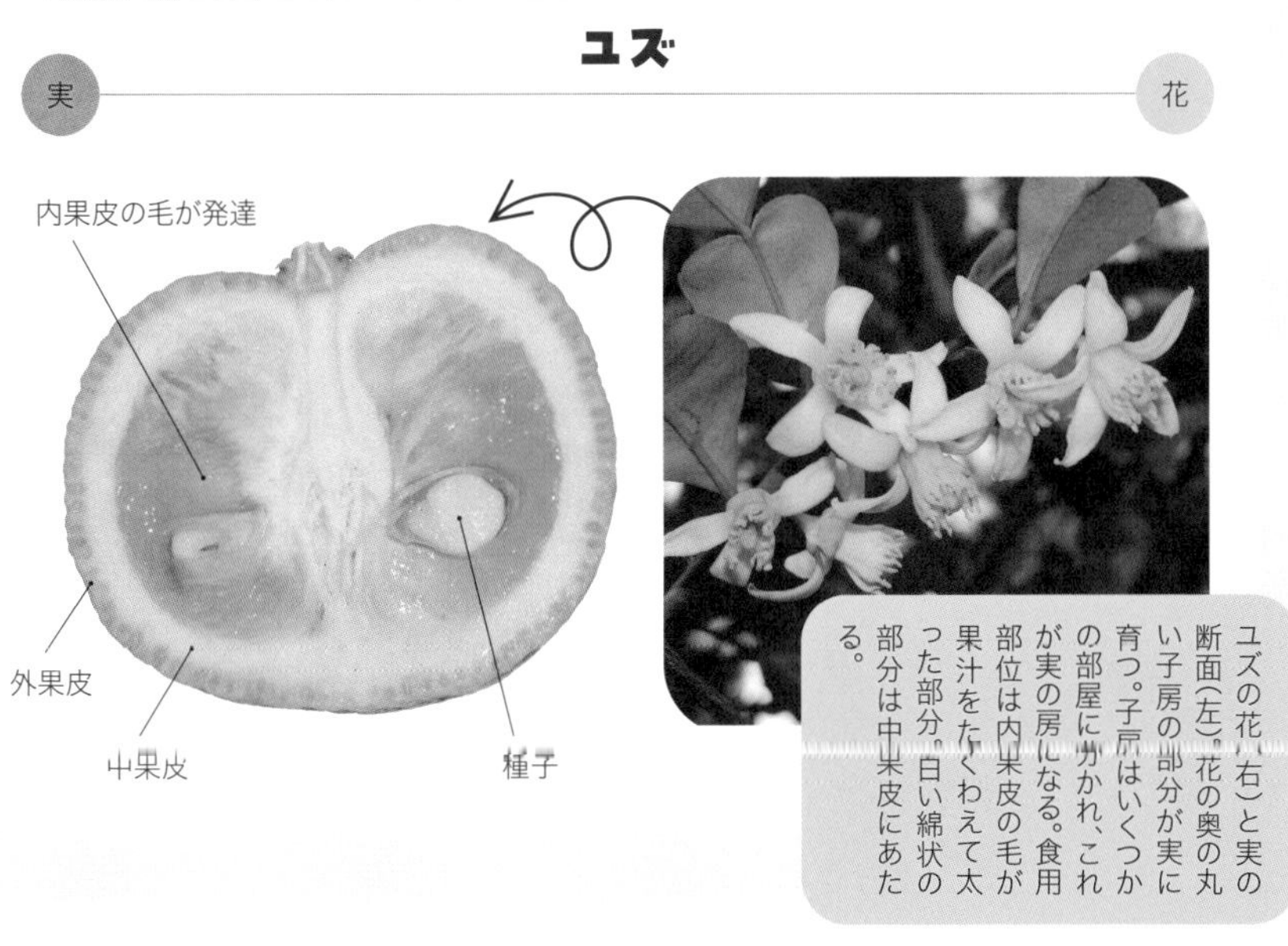

ユズの花（右）と実の断面（左）。花の奥の丸い子房の部分が実に育つ。子房はいくつかの部屋に分かれ、これが実の房になる。食用部位は内果皮の毛が果汁をたくわえて太った部分。白い綿状の部分は中果皮にあたる。

秋の野原を歩き回ると、服は草の実だらけ。うわぁ、「ひっつきむし」にしてやられました！

オナモミ

中国原産で古い時代に渡来したキク科の一年草。里の道端やあき地の雑草で、タネはするどいトゲでヒトや動物にくっつく。

あの手この手でひっつく実

実際のサイズ

ルーペでのぞくと、その精巧なつくりに驚かされる。

ゴボウもひっつき虫だった
Zoom
ゴボウ

果実期のゴボウとフックの拡大。ゴボウはキク科で、アザミに似た頭花の総苞片がフック状になる。フックはしなやかで折れにくく、繊維に強力に絡みつく。

人や動物を利用するヒッチハイクの旅

「ひっつきむし」とは、人や動物にくっついて運ばれる草の実の愛称。フックや逆さとげ、粘液などの忍び道具を用意して、野原や道端のやぶにひそんで、じっとチャンスを待っていたのです。

人や動物が通りかかると、ひっつきむしはここぞとばかりにしがみつきます。少々未熟な緑の実も、運ばれたあとにちゃんと熟します。

実はいずれ振り落とされますが、そこはきまって人や動物がよく通る場所。明るい道端や野原で、種子は芽を出して育ちます。

知ってる?

オナモミやゴボウはキク科の植物。トゲは総苞片(P36参照)が変化したもの。
実のように見える全体はつぼ状に合わさった総苞で、中に複数の実(痩果)を包んでいます。

フック状のとげや毛でくっつく

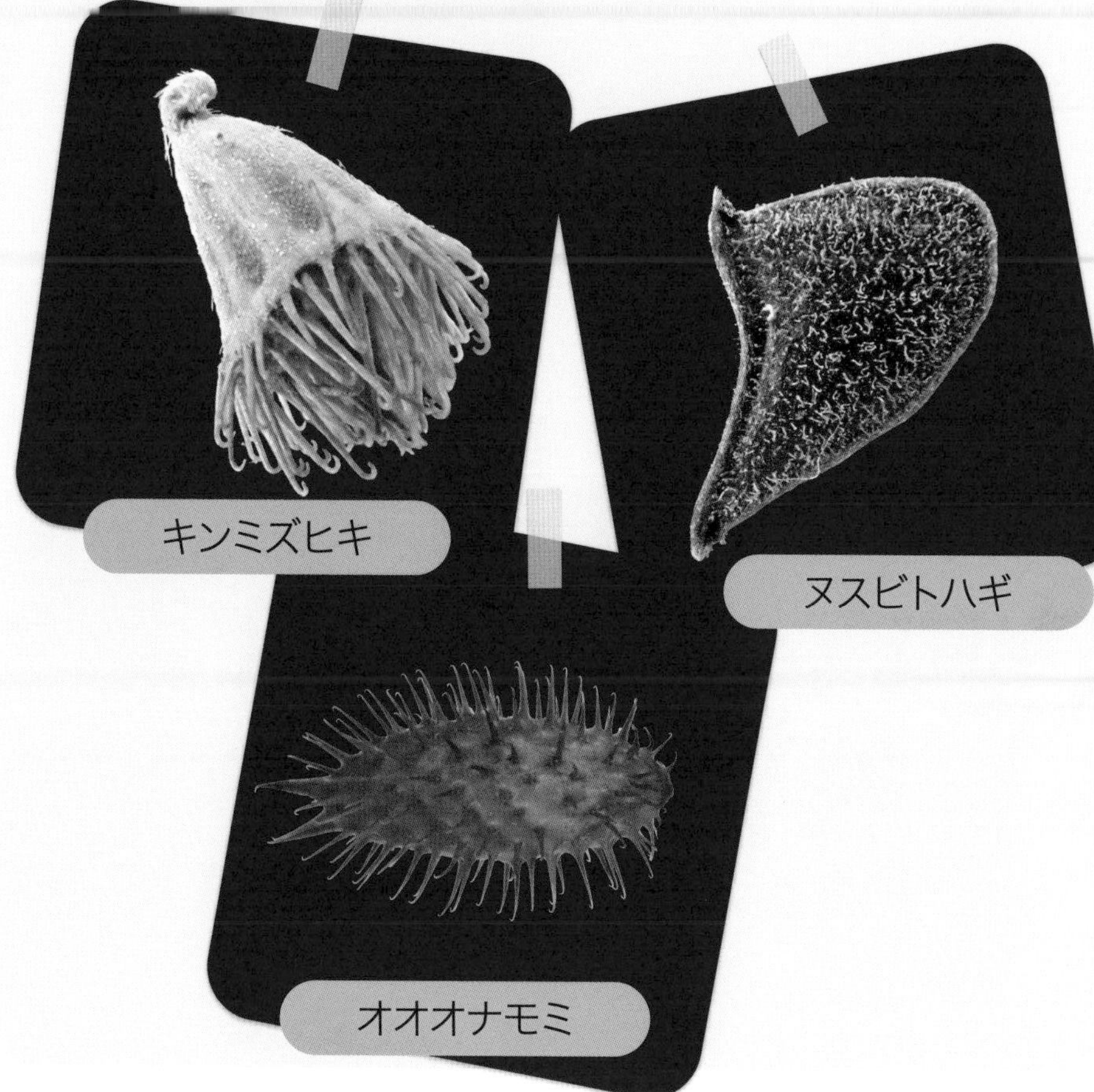

フックの技は、面ファスナーにも

たかられると厄介な草の実も、細かい部分をよく見れば、精緻なつくりや仕掛けの妙に驚きます。

先がフックになったとげを全身にまとったのはオナモミの仲間。空き地や河川敷に多いのは外来種で実の大きなオオオナモミで、投げつけると相手にくっつくので、子どもはよく投げつけ合って遊びます。

キンミズヒキやミズヒキの実も精巧なフックをもっています。

ヌスビトハギの実の表面はルーペで見るとまるで玄関マットみたい。実の表面に細かいフックの毛が密生して、服にピタッとくっつ

逆さとげタイプ

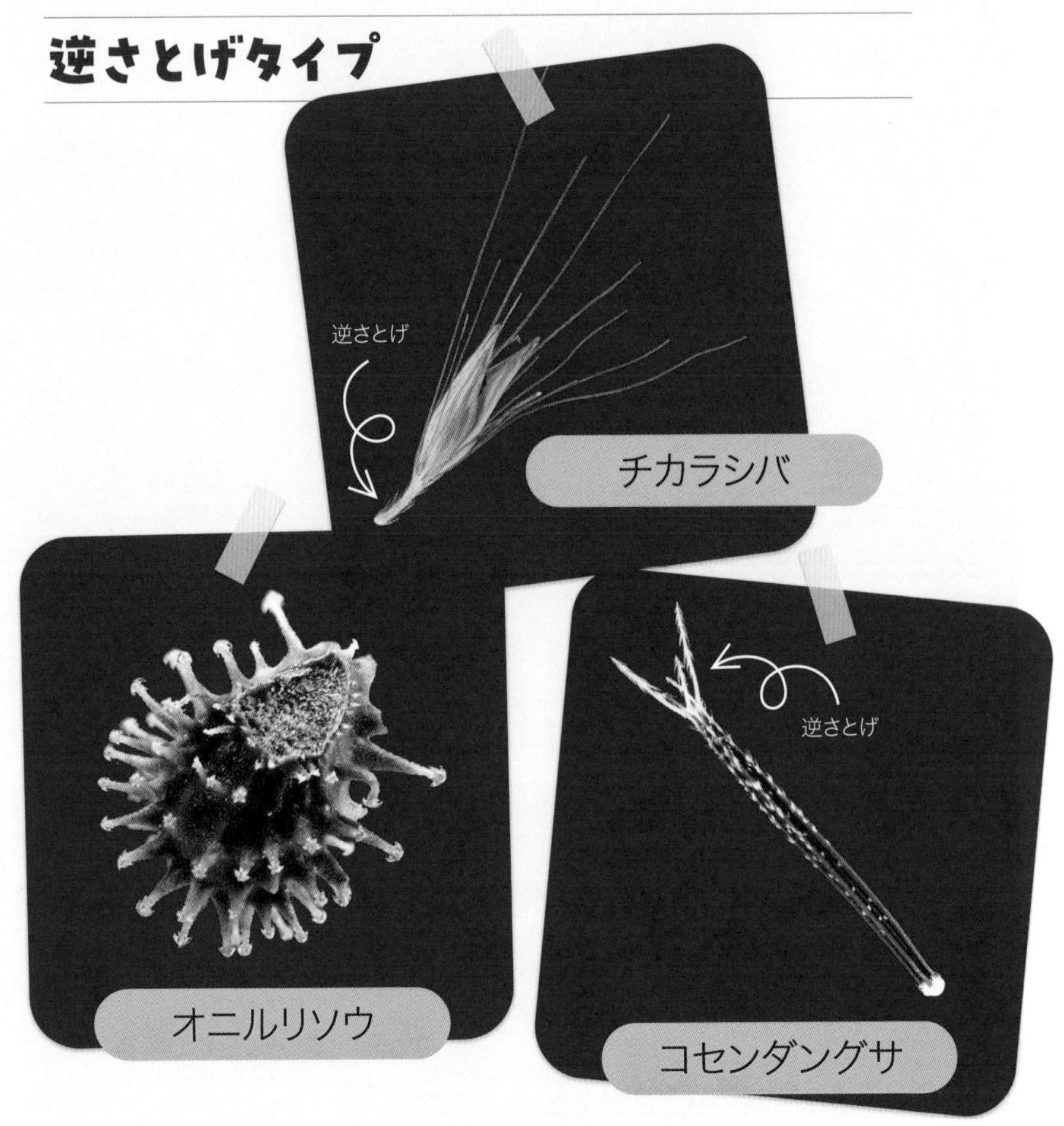

くのです。なんだか、洋服に使われている、あの面ファスナーに似ていませんか。
　そうなのです。面ファスナーの発明は植物をヒントにして生まれました。その植物とは……ゴボウです。ゴボウは、実の時期にはハリセンボンそっくりになり、とげの先端のフックで動物にくっついて運ばれ、中身の種子をばらまくのです。ゴボウは日本では野菜ですが、故郷の大陸ではヨーロッパや北海道の一部では道端でひっつきむしとして生きています。

逆さとげにネバネバ作戦

　ひっつきむしの作戦は、奇抜なアイデアと策略に富んでいます。

知ってる？　在来種のオナモミ（P112-113）は、新しい外来種のオオオナモミやイガオナモミに取って代わられ、今では絶滅危惧種になってしまいました。

ネバネバタイプ

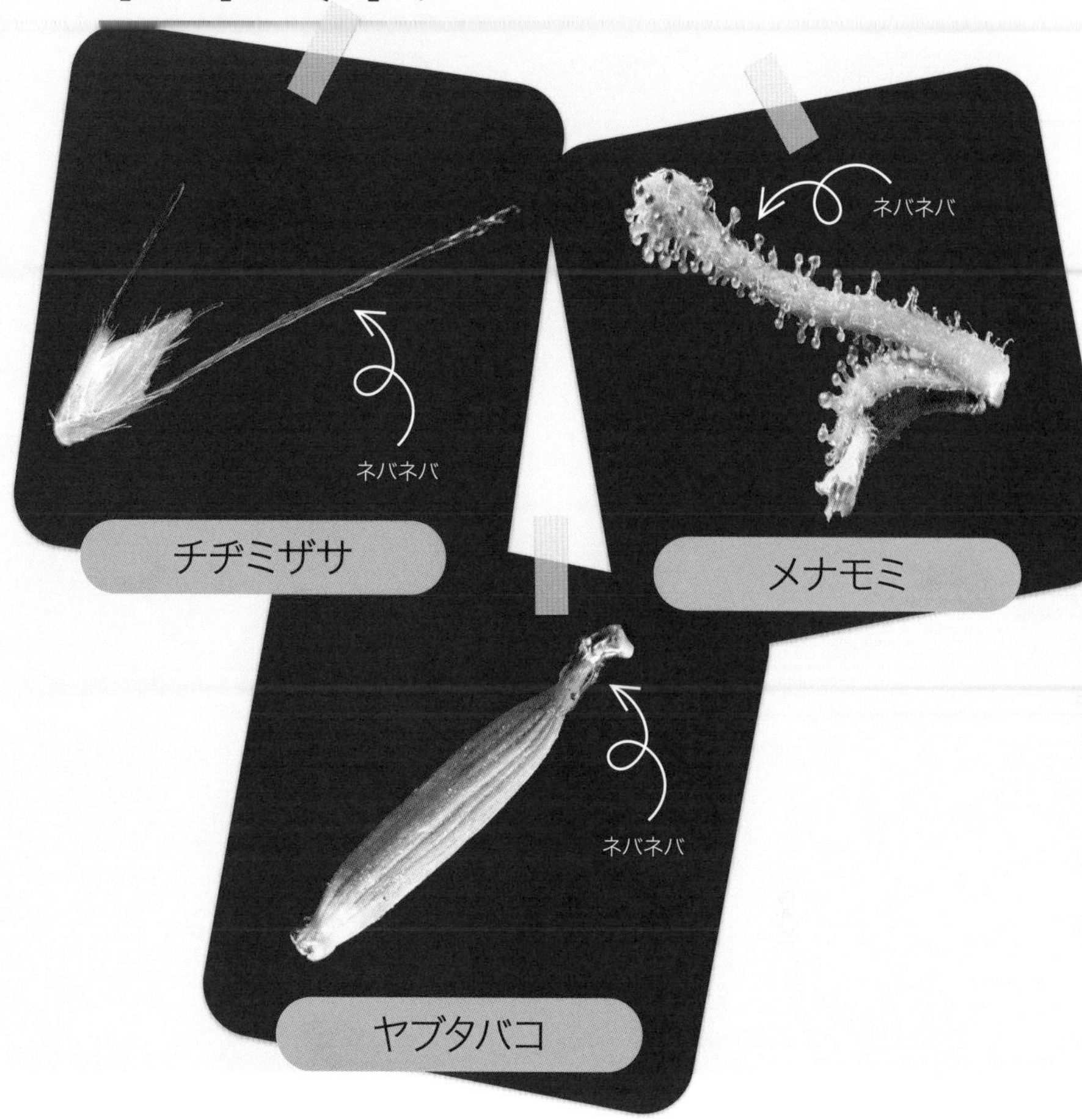

コセンダングサの実は魚を捕るヤスにそっくり。とげに逆さとげがあり、刺さるとなかなか抜けません。チカラシバの実も軸に逆さとげがあり、繊維のすき間に潜り込みます。キテレツなのはオニルリソウのとげで、船の錨にそっくりの形です。

ネバネバの粘液でくっつくタイプもあります。メナモミは、実の外側の総苞と呼ぶ部分が鬼の金棒のような見た目で、でっぱりの丸い頭が粘液を分泌しています。人や動物が総苞のネバネバに触れると実も一緒に外れてくっつき、運ばれます。

ひっつきむしたちの巧妙なデザイン。その機能美に感服です。

秋の里山に花に会いに行きました。出会ったのは美しいリンドウの花。青紫色の花に秘められた生きる知恵を探ります。

秋の野に青く輝くリンドウの花。源氏の紋章はこの花と葉を意匠化した「笹竜胆」。秋までに茎は倒れ、花は地面の近くに咲くことが多い。

秋の野に咲く美しいリンドウ
花びらをよく見ると、緑色の点々がある！

H. Tanaka

リンドウの花にもぐるマルハナバチ

名前の由来はその苦さ

リンドウは本州から九州の明るい野山に生えるリンドウ科の多年草です。葉の形がササに似ているのでササリンドウとも呼ばれます。

根に苦い薬用成分を含み、古くから薬草とされます。漢字で「竜胆」と書くのも、苦いことで有名な薬の「熊の胆（い）」よりもさらに苦い良薬というふれこみからきています。

花期は9～11月。長さ4㎝ほどの上を向いた釣り鐘形で、先は5つにとがって分かれています。よく見ると花びらのすき間に、ほら、小さな花びらが。この「副片」の存在はリンドウとその仲間に共通の特徴で、上から見た花は勲章の形に似ています。

蜜は花の底にあり、吸うには花の内壁の垂直下降と登攀（とうはん）が必要です。そんな芸当を軽くこなすのは全身フワフワの毛に包まれたマルハナバチ。花の釣り鐘の形も色が青紫なのも、この勤勉なリピーター客の特技と好みに合わせた進化の結果です。

お日様が大好きな花

リンドウの花は光に敏感です。花は太陽の光を受けて開き、日が陰ると閉じます。夜は閉じています。天気が悪いと日中も閉じたままで開きません。こうして1つの花は1週間ほど開閉しながら咲いています。大

知ってる？
センブリは胃腸に効くとして昔から有名な薬草。全体に苦い味で、千度振りだしてもまだ苦いというので千振と名がつきました。

光に反応するリンドウ

リンドウの花は光に敏感に反応する。写真は、同じ株の朝9時（右）と11時（左）のようす。晴れて光がよく当たる時間帯に、花は大きく開き、虫のお客を招き入れる。

切な雌しべや花粉を夜の寒さや雨から守り、お客の虫が飛ぶ日和を選んで開くのですね。

　この花にはもう一つ、光を好む理由がありました。花に目を近づけてよく見ると、おや、緑色の小さな斑点がそばかすのように散っています。

　じつはリンドウの花には、花びらで光合成を行うという珍しい性質があるのです。この緑色の斑点が、まさにその現場。この事実が報告されたのはごく最近で、詳しい仕組みや意義の解明はこれからです。

リンドウの仲間たち

リンドウ属は日本に13種あります。本州北部と北海道にはエゾリンドウが分布し、直立した茎の上部に濃い青紫色の花が何段にもなってつくのが特徴です。

　園芸でリンドウと呼んで切り花にするのは、エゾリンドウの栽培品種もしくはリンドウとエゾリンドウの交配種です。これらも光が当たらないと花が開かないので、明るい場所で生けるのがおすすめです。

　同属の仲間には、フデリンドウのように春に咲く小さくて愛らしい花や高山植物もあります。

　属は異なりますが、薬草として有名なセンブリもリンドウ科で、秋の里山でたまに花を見かけます。

　秋の野山に出かけませんか。リンドウの花に会えたら最高ですね。

巻きすぼんだつぼみも特徴
リンドウの仲間たち

トルコギキョウ
切り花用に栽培されるリンドウ科の多年草。北アメリカ中部の草原に咲く花を園芸化してつくられた。

エゾリンドウ
本州中部以北や北海道の山に咲く。花は濃い青紫色で、直立した茎に段になってつく。これを栽培化したのが園芸種のリンドウ。

フデリンドウ
野山の二年草で葉は小さい。花は春、径約2㎝で筆の穂先を思わせる。

センブリ
明るい野山の二年草。葉は細い。秋、径約1.5㎝で白に紫の筋がある花が茎の頂に群れる。有名な薬草。

知ってる？
切り花として人気のトルコギキョウはキキョウ科ではなくリンドウ科。しかも原産はトルコではなく北アメリカです。

第四章 冬の道草

Winter

クロガネモチ

モチノキ科の常緑樹。雌雄異株で、雌株には赤い実が集まってつく。

植物に見る多彩な色。今回のテーマは植物の色素と花の色です。

キバナコスモス

シラン

オオモミジ

イロハモミジ

パンジー

青いカーネーション

秋、葉の緑色をつくっているクロロフィルが分解されると、カロテノイドの黄色が現れる。さらにアントシアニンが合成されると美しい紅葉となる。

植物の色素と花の色

カロテノイド

アブラナ

この花の黄色もカロテノイド。カロテノイドの一種であるβ-カロテンは動物の体内でビタミンAに変換される。

ヒマワリ

花びらの黄色はカロテノイドの色。赤紫色を示すアントシアニンと同時に含むとオレンジ色がかった花やワイン色の花になる。

マリーゴールド

花の黄色やオレンジ色はカロテノイドによるもので、色の濃さの違いは色素の量による。天然色素として食品の着色に用いる。

太陽光と植物の色素

植物は太陽の光を利用して暮らしています。光のエネルギーを吸収して光合成を行うのはクロロフィル。緑色の色素で葉緑素とも呼ばれます。

葉には黄色く発色する色素のカロテノイドも存在し、光のエネルギーを取り込んで光合成を助けています。秋の落葉前にこの色素の色が現れてくるのが黄葉です。

太陽の光に含まれる有害な紫外線を防ぐために植物はサングラスもかけています。多くの葉はフラボノイド系の色素を含み、紅葉のもとになるアントシアニンもその一部です。フラボノイドには抗酸化作用もあり、光合成の副産物として生じ

知ってる？

ヒスイカズラはフィリピンの固有種で巨大なつるに育つ。原産地ではコウモリが花を訪れて花粉を運びます。

アントシアニン

アサガオの１品種（桔梗咲き）

花の紫色や赤紫色の色素はアントシアニン。昼にしぼむと細胞の老化に伴うpHの変化によって赤く変色する。

ツユクサ

花の青色はアントシアニンがマグネシウムと結合することで生じる。花びらの大きな品種は友禅染めの下絵に用いられる。

ヒスイカズラ

フィリピン原産のマメ科のつる植物。赤紫のアントシアニンと人の目には無色のフラボノイドの共存が生んだ特異な花色。

る有害な過酸化物も素早く取り除きます。

このほか紅色のベタレインという色素も光フィルターや過酸化物除去の役目を果たしています。

花の色をつくるのは

植物は、光合成に関わるこれらの色素を流用して緑の葉とは異なる鮮やかな色を花や果実に配置し、虫や鳥や動物の注意を引いて花粉や種子を運ばせることに役立てています。

カロテノイドはヒマワリやマリーゴールドなど黄色やオレンジ色の花色を構成しています。カキや柑橘類の果実の色もカロテノイドで、動物は栄養素として利用しています。

フラボノイド類のなかで

フラボノイド

シロツメクサ

人の目には白い花だが、紫外線フィルターをつけて撮影すると黒く映る。全体に紫外線を吸収しているからだ。

オオマツヨイグサ

夕に咲き朝にしぼむ一夜の花。淡い黄色の花もフラボノイドを含み、虫の目には人とは違う色に見えている。

ユウガギク

野山に咲く白い野菊。花びらは紫外線を吸収し、人には白く見えても虫には色がついて見えている。

ベタレイン

ケイトウ

ヒユ科の園芸植物で花序の形が面白い。ホウレンソウもヒユ科で、葉の根元はこの花の色と同じ鮮やかな赤紫色だ。

オシロイバナ

オシロイバナ科の園芸植物。花は夕方に咲き、翌朝にしぼむ。この花の色もベタレイン系の色素に由来する。

マツバボタン

スベリヒユ科の園芸植物。熱帯の乾燥地帯の原産で葉は多肉質。原種の花は写真のような赤紫色。

知ってる?　マツバボタンの雄しべに鉛筆などでそっと触れると、いっせいに触れた方を向きます。こうして、虫により多くの花粉を運ばせているのです。

人がつくった花の色

黒いペチュニア

黒い色素があるわけではなく、高濃度のアントシアニンやカロテノイドにクロロフィルも加わることで、ほとんど黒に見えている。

青いカーネーション

サントリー開発の「ムーンダスト」。世界初の青いカーネーションとして誕生。ペチュニアなどの青い花から青色色素をつくる遺伝子を採取し、カーネーションの遺伝子に組み込むことで生まれた。

アントシアニンは特に花や実の配色に広く関わっており、部分的な構造の違いや金属イオンの働き、pHなどによって赤や紫、ピンク、青など、さまざまな色を発現します。例えば青や紫のアサガオの花は細胞の老化に伴うpHの酸性化によって昼には赤くしぼむし、アジサイの花色は土に溶け出すアルミニウムの量によって青やピンクに移ろいます。

フラボノイド色素のなかには主に紫外線領域の光だけを吸収するため、人の目には無色に映るものもあります。白や淡黄色の花の多くはこうした色素を含んでおり、紫外線領域まで見ることができるハチやチョウの目には色がついて見えています。

花の色に関わるもう一つの色素がベタレインです。ヒユ科の野菜のビーツの紅がその色で、サボテン科、オシロイバナ科、スベリヒユ科など主に熱帯乾燥地の植物に存在します。ほうれん草の根元の部分の赤い色もベタレインです。

花の色を操作する

近年のバイオ技術は自然界に存在しない花色を生みました。ペチュニアやビオラから色素の遺伝子を取り出してカーネーションに組み込むことで青いカーネーションが誕生。育種家の夢だった青いバラも現実のものとなりつつあります。

自然界を超えて輝き始めた花色の世界。次に私たちが目にするのは、何色の花でしょうか。

冬の道草 その2

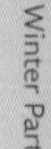

冬は赤い実が目立ちます。科が違い、花や葉の形は違っても、どの実も小粒でつややかで、赤く柔らかく熟します。違う仲間なのに実のデザインはなぜ同じ?
考えてみたら不思議です。

鳥が食べたあと!

センリョウ(千両)

センリョウ科の常緑低木で、日本の暖地に自生する。小鳥のメジロなどが実を食べて種子を運ぶ。正月の縁起物とされる。

冬を彩る 赤い実の戦略

マンリョウに お客さま

マンリョウの実を食べるメジロ。名は「万両」で「千両」と対をなすが縁は遠く、こちらはサクラソウ科の常緑低木。

センリョウにマンリョウ、ナンテンなど、冬に赤い実が多いのはなぜでしょう。

赤い誘惑 新天地に移動

停止信号や郵便ポストが赤いのは、赤いとよく目立つから。植物の赤い実も、人と同様に赤い色に敏感な鳥に向けた効果抜群の広告です。

実の内側では、柔らかな果肉にくるまってタネがそっと隠れています。鳥は実を丸飲みしますが、堅いタネは消化されずに消化管を通過し、落とし物の中に出されます。

植物は根を張って動けませんが、タネはこうして鳥に運ばれ、新しい場所にまいてもらうのです。しかも肥料つきで。

赤は鳥に目立つ色 冬は狙い目

赤い実は鳥に狙いを定めています。鳥が好む色、鳥の口にぴったりの小粒サイズ。丸くて表面はなめらかで、鳥が飲み込みやすくできています。鳥は嗅覚が鈍いことから香りに乏しいのも共通の特徴です。

秋から冬に熟すのも鳥のえさとなる虫が少ない時期だから。鳥を誘惑するには絶好のタイミングです。

赤い実は長く枝に残って人の目を楽しませてくれますが、これにも理由があります。枝を離れて落ち葉に埋もれてしまうと鳥に見つけてもらえません。鳥が食べてくれるまで樹上でじっ

知ってる?

正月の縁起物として、赤い実をつける一両、十両、百両、千両、万両、それに難を転じるとして南天を床の間に飾る風習があります。

一両、十両、百両、億両も！

ヤブコウジ（十両）
サクラソウ科。寄せ植えに用いる。名は、実が柑橘類の柑子（こうじ）に似ることに由来。

アリドオシ（一両）
アカネ科。細いトゲがアリも刺し通すというので蟻通し。有り通しとかけて縁起を担ぐ。

ミヤマシキミ（億両）
ミカン科。雌雄異株。最近は億両の流通名で販売される。属名はシキミアで蕾は花材とされる。

カラタチバナ（百両）
サクラソウ科。マンリョウと同属で実はそっくりだが、葉は一見ササに似て細長い。

ナンテンの実を食べるヒヨドリ。一度に少しずつ食べる。

と待っているのです。

まずい実も多い その理由は？

鳥が食べる実を試食してみました。ところが苦かったり渋かったり、案外、まずい実が多いのです。あれ？　おいしいほうが鳥に好まれてより多く運んでもらえるのでは？

考えてみましょう。もしも実がおいしくて鳥がその場に居座って食べ続けたなら、真下にふんの山ができてしまいます。それは困る。タネはちっとも運ばれません。もっと遠く、もっと広い範囲に、植物はタネをばらまきたいのです。

実がまずければ、誘惑につられて鳥が食べても、少し食べただけで飛び去ります。時間をおいて少しずつ、多くの個体が何度も食べにくることによって、タネは時間的にも空間的にも広く運ばれることになります。

食べてね、でもちょっとだけよ

植物は「食べてね」ときれいな赤い色で鳥を誘う一方でわざと実をまずくして鳥が一度に食べる量を「ちょっとだけよ」と制限し、タネをばらまかせているのです。赤い実の植物に広く見られるこの作戦を私は「ちょっとだけよの法則」と呼んでいます。なかには少量の毒を含む実もあります。

冬を彩る赤い実。その陰には植物のしたたかな戦略がありました。

知ってる？　ナンテンには白い実の品種もありますが、鳥は赤い実をついばんで、白い実は残します。鳥の目には赤い方が魅力的なのですね。

常緑樹

ナンテン
メギ科の常緑樹。「難」を「転」じるとかけて、よく門に植えられる。実は有毒で、鳥は少しずつ食べる。

ソヨゴ
実は垂れて熟す。モチノキ科の常緑樹で雌雄異株。「冬青」と書いてソヨゴと読む。

モチノキ
モチノキ科の常緑樹で雌雄異株。庭木として植えられる。昔は樹皮からとりもちを採った。

落葉樹

ウメモドキ
モチノキ科。葉の形がウメに似るのが名の由来。雌雄異株で、雌株には小粒の実が密につく。

イイギリ
ヤナギ科の落葉樹で成長が早く大木に育つ。雌雄異株で、雌株には大きな房になって実が垂れる。

ナナカマド
バラ科の落葉樹。北国では街路樹とされる。秋は紅葉がきれい。実は枝先に集まってつく。

冬の道草 その３
Winter Part 3
冬の田んぼで、地面に低くはりついている雑草たちを見つけました。春には花を咲かせるこの子たち。だれの子どもか、わかるかな？
1
7
2
冬の田んぼのロゼット。
①ナズナ
②タネツケバナ
③ハハコグサ
④コオニタビラコ
⑤ハルジオン
⑥オニタビラコ
⑦スイバ など。

冬の地面の
「バラの花」
5
6
3
4

ナズナのロゼットと成長の様子

春の開花
気温の上昇を受けて、ナズナは二次元から三次元へと成長モードを切り替え、花を咲かせる。

冬のロゼット
氷点下の朝、地面にはりついたナズナのロゼットは、糖度を増しながら寒さに耐える。

タンポポのように地面に葉を放射状に広げる植物の形を「ロゼット」と呼びます。上から見た形がバラ（ロゼ）の花を思わせるのが語源です。

さまざまなロゼット冬を越す工夫

どのロゼットも短い茎から葉を放射状に出して地面に広げています。でもよく見ていくと、葉がまばらなもの、魚の骨のようにギザギザのもの、白くてフワフワのものなど、何種類もあることがわかります。

開けた野原では、寒さを避けるという共通の必然性から、キク科やアブラナ科など、異なるルーツの植物が同じロゼットの姿をとっています。冬でも地表は太陽の直射で温まり、風速もゼロに近づきます。この貴重な2次元的空間に、ロゼットは葉を平面的に広げ、体力を養いながら、じっと春を待っているのです。

晴れた夜は放射冷却により地面はぐっと冷え込みます。芯まで凍れば植物は死んでしまいます。そこでロゼットは、葉の糖分濃度を高め、不凍液と同じ原理で、凍結の危険を回避します。野菜のホウレンソウ（これも本来はロゼットです）が冬に甘いのも同じ理由です。

霜柱に根を持ち上げられても命とりです。そうさせぬよう、ロゼットの根は深く地中に伸びて大地にしがみつきます。

冬は紫外線の害も強く出

知ってる？ 春の七草は、セリ、ナズナ、ゴギョウ（ハハコグサ）、ハコベラ（ハコベ）、ホトケノザ（コオニタビラコ）、スズナ（カブ）、スズシロ（ダイコン）の7種類。

ロゼットの野菜や園芸種

白菜の花
ハクサイもキャベツも本来はロゼット植物。春には中心から花茎が伸びて、黄色い花が咲く。

ハボタン
西洋渡来の野菜だったキャベツから芸術的な園芸植物へと、江戸時代の日本で改良され、変身を遂げた。

ます。ロゼットの葉がしばしば赤や紫を帯びているのは、紫外線を吸収する色素アントシアニンの色。紫外線を防ぐサングラスというわけです。

冬の厳しさに耐えてロゼットは光合成を行います。気温が低ければ呼吸消費も少なくすむので、成長は案外早く、ロゼットは冬の間も葉を少しずつふやして、生産活動を拡大しながら、根に栄養を蓄えます。

ダイコンやカブも本来はロゼット。人も恩恵にあずかっていますね。

2次元から3次元へ巧みな経済戦略

春を迎え、ロゼットは3次元成長へと一気にモードを切り替え、周囲と競争しながら茎を高く伸ばします。冬の間に葉を大きく広げたものほど、より多くの花を咲かせて、種子をたくさんばらまくことができます。

タンポポやオオバコのように、1年を通じてロゼットの形で暮らす植物もあります。ロゼットの形は、茎への投資を削減して葉に資源を回せるので、光さえ豊富なら、生産性が高く経済的なのです。反面、背が低いので、競争に弱いのがデメリット。花期に茎を伸ばすかどうかは、周囲との競争や花粉の運ばせ方、タネの飛ばし方などとも関わっています。

冬の大地に咲く「バラの花」、あなたも探してみませんか。

ヒメジョオン
キク科／二年草で、ロゼットはそれぞれ種子から育ち、葉は切れ込む。開花株は枯死する。

ハルジオン
キク科／多年草で、種子のほか、根がちぎれた断片からも発芽して、大小のロゼットが育つ。

ハハコグサ
キク科／春の七草の一つ。葉はフワフワした毛に覆われて白っぽく見える。

アキノノゲシ
キク科／鋭くとがったギザギザがシャープな印象。レタスと同属で葉をちぎると白い汁が出る。

知ってる？
秋の七草は、ハギ、ススキ、クズ、ナデシコ、オミナエシ、フジバカマ、キキョウの7種。春の七草は食用ですが、秋は見て楽しむ花ですね。

ロゼット

ヘラオオバコ

オオバコ科／ヨーロッパ原産の多年草。葉はへら型で、平行に走る数本の葉脈がよく目立つ。

メマツヨイグサ

アカバナ科／北米原産の二年草。花は夏の夕方に開き、朝にはしぼむ。開花株は枯死する。

オヘビイチゴ

バラ科／多年草。田のあぜなどに生え、葉は5枚の小葉からなる掌状複葉。初夏に黄色い花が咲く。

キュウリグサ

ムラサキ科／スプーン型の葉がかわいい小さなロゼット。葉をちぎるとキュウリのにおい。花もかわいい。

冬の道草 その４

ラン科植物は世界の熱帯〜亜寒帯に749属、約2万6000種が知られます。ランと聞けばカトレアに代表される豪華な熱帯性のランをまず思い浮かべますが、奇妙な色や形の花も数多くあり、植物のなかで最も多様性に富んでいます。

葉はこれだけ

タイの熱帯高地で樹木の枝に着生したキロスキスタ・パリシイ。写真の株は小さな葉を1枚つけているが、通常は根だけで葉はつけず、緑がかった根が行う光合成と共生菌類から得た栄養で生活している。

ランの花と種子
菌類との共生

シランの花のつくり

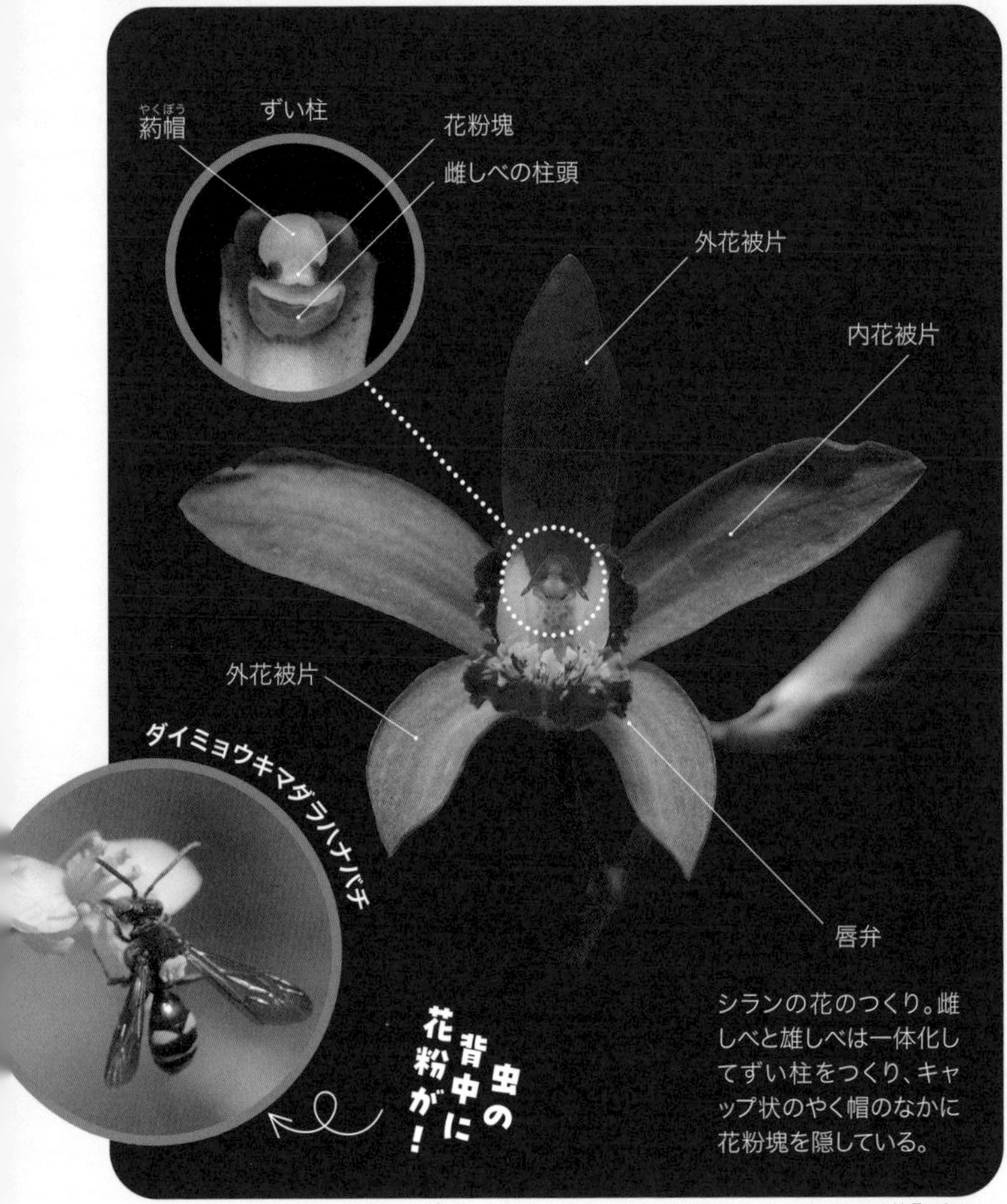

シランの花のつくり。雌しべと雄しべは一体化してずい柱をつくり、キャップ状のやく帽のなかに花粉塊を隠している。

H. Tanaka

ラン科の花の仕組み

ランの花のつくりは独特です。6枚の花びらのうち、下側の一枚は「唇弁」といって種類ごとに特殊な形をしています。花によって花粉の運び手も異なり、それが花の色や形に反映されているのです。例えば花が白くて長い距（管状の突起）に蜜をためているランは夜行性の蛾をターゲットとしています。シランのパートナーはハナバチです。一方、色が地味で形が複雑なランの花は虫をだまして花粉を運ばせていると考えてほぼ間違いありません。実際、雌のハチに擬態して雄のハチに花粉を運ばせる花もあるのです。

知ってる？ 植物の生長点をメスで細かく切り分けて、フラスコや試験管で培養する技術を「メリクロン」といいます。この方法でランの苗の大量生産が可能になりました。

シランの花粉塊と種子

やってみよう

花粉塊を取り出す

ハチになったつもりで花にペンを差し込み、ずい柱をこすりながら引き出すと……

シランの花粉塊

ペンの先に花粉塊がついてきた。この塊の中に数十万もの花粉が詰めこまれている。

シランの実と種子

実を切ってみたところ。1個の実に数万から数十万の種子がつくられ、風で飛散する。

虫にくっつく花粉塊

多種多様なランの花には、ある共通する仕掛けがあります。それが花粉を塊ごと虫に運ばせる「花粉塊」、いわば花粉の袋詰めで、接着テープ状の粘着体とセットになって、雌しべと雄しべが合体した「ずい柱」の裏に隠れています。虫が花にもぐると体に粘着体がつき、虫は花粉塊を背負わされてしまいます。

　花粉塊は栽培品でも観察できます。虫のつもりでペンなどを差し入れ、ずい柱をこすると、ほら、黄色い塊がついてきます。これが花粉塊。花粉塊をつけた虫がほかの花を回ると粘液を帯びた柱頭が受粉します。

種子と発芽の仕組み

ランの花は紡錘形の実に育ちます。1個の実に微細な種子が数万から数十万個も詰まっています。

膨大な数の種子をつくるには、雌しべも同数以上の花粉を受け取る必要があります。花粉塊というラン独特の仕組みは、種子の数の多さと結びついているのです。

数の反面、種子は微小で、重さは1万分の1ミリグラムほど。煙のように漂う微細な種子は栄養をもち合わせず、自力では発芽もできません。その代わり、種子は菌類に栄養をもらって芽を出します。この菌類との共生はラン科植物の生き方の最大の特徴です。

ランは菌類を利用して、樹上の高みや栄養の乏しい湿原などにも生活の場を広げてきました。

菌類に頼って生きる

一生、緑の葉を出さないランもあります（P64〜65参照）。こうしたランは土壌中の共生菌類に栄養を100%依存、つまり菌類に寄生する生活を送ります。

木の幹や岩に張りつく着生ランのなかにも葉のないものがあり、根の表面での光合成に加え、共生菌類から栄養を得ています。

魅力いっぱいのランの世界。花も生き方も多様性に満ちあふれています。

オニノヤガラ
日本の野山に自生する地生ラン。ナラタケ属のキノコに寄生して、葉緑体を持たず光合成も行わない。

知ってる？
オニノヤガラの花は6〜7月に咲きます。
名は、高さ1mほどに直立する花茎を矢の軸の部分（矢柄）に見立てました。

奇妙な形をした海外のラン

バルボフィラム・ダイアナム

東南アジアに分布するマメヅタラン属の着生ラン。唇弁は腐肉に擬態しており、動物の遺骸にたかるハエが花粉塊を運ぶ。

プテロスティリス・サングイネア

西オーストラリアの地生ラン。唇弁は虫に擬態した罠で、触れると動いてキノコバエを花の奥に閉じ込め、強引に花粉塊を運ばせる。

カラデニア・ディスコイデア

西オーストラリアの地生ラン。唇弁はメスのツチバチに擬態していて、フェロモンも出す。英語名はDancing Spider Orchid。

プテロスティリス・バルバータ

西オーストラリアの地生ラン。英名はBird Orchid。唇弁は枝分かれした糸状。受粉後は下側の花びらが上向きに変わる。

冬の道草 その５

花びらに見えても、それが「花弁」とはかぎりません。ハナミズキの美しい花も、あれ？どこが花弁？

ハナミズキ

花びらに見える部分は苞で、葉の変形。4枚の苞の中央に小さな花が集まって咲いている。

花びらの正体

花びらに見えるのは萼

萼
花弁

実の時期

クリスマスローズ
クリスマスローズの花びらは萼。黄色い管状のものが花弁。その内側に多数の雄しべと雌しべ。

「花びら」は花弁とはかぎらない

冬を彩るクリスマスローズ。花びらに見える部分は、じつは萼。真の花びら（花弁）は管状の「蜜腺」に変わって内側にぐるっと並んでいます。

一般に花は、外側から順に萼、花弁、雄しべ、雌しべが配列してできています。ふつう私たちが花びらと呼んでいるのは花弁で、美しい色で虫や鳥の目を引き、花粉媒介を助けています。ところがなかにはクリスマスローズのように、花弁イコール花びらではない花もあるのですね。

萼が花びらになった花

クリスマスローズが属するキンポウゲ科では、クレマチス、ヒエンソウ、アネモネ、セツブンソウなども萼が花びらの役目を果たしています。

アジサイで大きく目立つ装飾花の花びらは萼。タデ科の花びらも萼で、花弁は欠如しています。萼は花弁より散りにくく、長く残って目を楽しませてくれます。

単子葉植物の花は萼と花弁が3枚ずつですが、アヤメでは3枚の萼が大きな花びらになって垂れ下がり、花弁は小さく立ち上がっています。ユリ科のチューリップやユリは6枚の花びらに見えますが、じつは外側3枚は萼、内側3枚が花弁にあたります。といっても、実質上は区別がないので、図鑑などではまとめて花被片（かひへん）と書かれています。

知ってる？ 似た両者の優劣がつけがたいさまを「いずれアヤメかカキツバタ」といいますが、アヤメの花には複雑な模様、カキツバタは白線があるので区別できます。

ソバ
タデ科は花弁を欠き、萼が花びらになる。ソバは花に2型があり、写真は雄しべが長い花。

セツブンソウ
花びらに見えるのは萼。花弁は黄色い蜜腺に変わっている。

ヤマユリ
6枚の花びらのうち幅の狭い3枚は萼(外花被片)。内側の3枚が花弁(内花被片)。

アヤメ
アヤメの垂れた花びらは萼に由来する外花被片。内側に立っているのが花弁(内花被片)。

ドクダミ
ドクダミ科の多年草。中心の穂に雌しべと3本の雄しべのみからなる小花が集まり、穂の基部に4枚の苞がつく。

変化した苞が美しい花

ポインセチアの花で赤く色づくのは花序を包むようにして特殊化した葉（苞）です。小さな花の集合を真っ赤な苞で飾ることで、花粉の運び手である鳥のハチドリを誘っているのです。

愛らしいハナミズキの花も、花びらと見える部分は苞。花自体は小さくて目立たず、四枚の苞の中心に球状に集まっています。ドクダミの花で白く目立つのも苞で、萼も花弁もない小さな花の集合を支えつつ虫にアピールしています。

八重咲きの「花びら」は？

サクラやバラ、ツバキなど園芸植物の八重咲きは、多くの場合、もともと雄しべのはずが突然変異によって花弁に変化したものです。変化が不完全で花びらの縁に雄しべの葯がついている花もあります。ツツジの園芸品種には、萼の部分が花弁化して二重の花びらをつけるものも知られています。

キク科の花はもともと多数の小花の集合体（頭花）ですが、マリーゴールドやダリアでは、中央の筒状花の大半が大きくて目立つ舌状花（一片の大きな花びらをもつ小花）に変わったものが八重咲き品種として栽培されています。

千変万化の花の世界。思い思いに花びらを広げて花は咲き競います。

知ってる？
ポインセチアは、多肉植物も多いユーフォルビア属の植物。
傷をつけたり折ったりすると、切り口から白い乳液が出てきます。
皮膚炎を起こす例もあるので気をつけましょう。

ほかの部分が花弁化したのが「八重咲き」

マリーゴールドの八重咲き品種
キク科。中心部の筒状花の多くが大きな花びらをもつ舌状花に変化している。

ツバキの半八重咲き品種
雄しべの一部が花びら(花弁)に変化。花弁と雄しべの中間段階が見える。

ベゴニアの八重咲き品種
雄花(中央)の雄しべが花弁化。雄しべのない雌花(右)は一重咲きのまま(黄色いのは雌しべ)。

ツツジの二重咲き品種
萼が花弁化して花びらがダブルに重なっている。だからよく見ると緑色の萼がない。

冬の道草 その6

足元に咲いた雑草の花。ちっぽけで見過ごしがちですが、虫の視線でのぞいてみると、まあ、こんなに美しい花なのですね。

花の中心をのぞくと、毛のマットの奥にごちそうの蜜がある。

明治時代にヨーロッパから来たオオイヌノフグリの青い花。花の命は2~3日で、日が当たると開き、夕方にすぼむ。

美しき小さな雑草の花

ナズナをじっくり観察してみると……

ナズナの実とタネ
三味線のばちに似た形の実ができた。
Open
果皮が左右に外れると中から20個ほどのタネが現れる。
ナズナの花
花茎を伸ばしながら次々に花が咲く。
Zoom!
花びらは4枚。雄しべは6本。雌しべと雄しべは接近し、虫が来なくても自ら受粉する。

知ってる？ ナズナは春の七草の一つ。まだ花茎が立つ前のロゼットの葉をゆでて細かく刻み、粥に入れて食べます。香りがよく栄養も豊富です。

道端で輝く雑草たち

ハキダメギク
北アメリカ原産の一年草。径5㎜の花もよく見れば、金糸で刺繍をした勲章のよう。

ヒメオドリコソウ
シソ科の帰化植物。ヨーロッパ原産だが、花の正面顔は和服姿の踊り子を思わせる。

雑草の花の小さな知恵

雑草とは、庭の花や作物の邪魔になる雑多な草の総称です。無数の種子や地下茎が地面の下で待機していて、人のすきをかいくぐって、そこら中あちこちに生えてきます。

厄介な一方で、雑草は身近で親しみのある存在です。ナズナも春の七草の一つで「ぺんぺんぐさ」の愛称で人々に親しまれています。白い花は直径わずか3㎜弱。でも目を近づけてよく見ると、まぁ、茎の先にぐるっと並ぶ花の造形の、なんときれいなことでしょう。

虫の目線になって、ルーペでナズナの一つ一つの花をのぞいてみましょう。スマートフォンにマクロレンズをつけてもルーペの代わりになります。おや、雌しべを囲んで6本の雄しべが花粉をどっさり出しています。なるほど、これなら虫が来なくても確実に受粉して種子を残せます。雑草のたくましさの一端がちらりとかいま見えました。

小さな実ものぞいてみれば

ぺんぺんぐさの名は、三味線のばちに似た実の形からきています。花は咲くとすぐ実を結び、茎に多数の実が並びます。その実を全部、皮をひと筋残して引き下ろし、耳元で揺らすとシャラシャラと鳴りますよ。

熟しかけた実に触れると、実の皮が両側に片方ずつ、

キュウリグサ
水色の花びらの中心は黄色く盛り上がり、不思議の国のアリスを思わせる。葉をもむとキュウリの香りがする。

スイバ
タデ科の一年草。雌雄異株で、写真は雌花。モール状の柱頭で風に乗って飛ぶ花粉を受け止める。

脱げるように外れて、中からかわいい赤ちゃんのタネが出てきました。

ナズナは、人が実に触れたり足で踏んだりすると種子をこぼし、人の手や靴底にくっつきます。まだ緑色の若い種子もあとから熟すので大丈夫。ナズナは人を利用して新しい場所に移動するのです。

身近にある、美しい雑草

冬はじっと地面に張りついていた雑草たちも、春を迎えて次々に花を咲かせます。

草むらに星をちりばめたように咲く青い花はオオイヌノフグリ。甘い蜜をたたえて虫においでと招きます。サソリの尾のようにくるりと巻いた花序に水色の小さな花を咲かせたのはキュウリグサ。径3㎜の花の中心は黄色くふちどられ、拡大すると不思議の国のアリスを連想させる愛らしさ。大正時代に渡来して残念な和名をつけられてしまったハキダメギクの花もレンズを通してのぞいてみれば、まるで金糸で刺繍をした勲章のようです。雑草もそれぞれ着飾り、懸命に生きているのです。

スマートフォンに挟むクリップタイプのマクロレンズは100円ショップでも手に入ります。わくわくする植物の世界。ぜひミクロのデザインの美しさや巧みさものぞいてみてくださいね。

新時代の道草のおとも、スマホにつけるマクロレンズ。

知ってる？　ハキダメギクという残念な名は、外国から来たこの花が日本で最初に発見されたのが掃きだめ（ゴミ捨て場）だったことからつけられました。

道端で輝く雑草たち

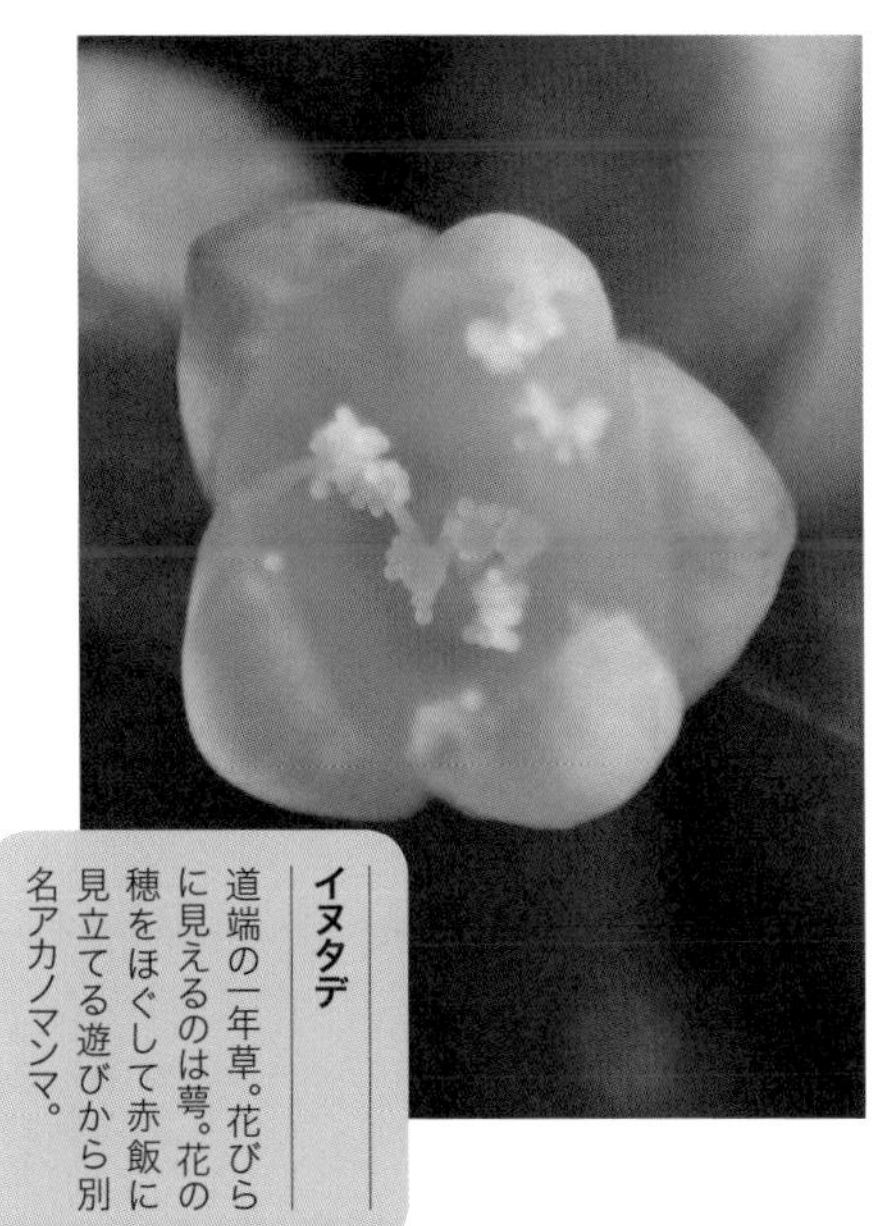

イヌタデ

道端の一年草。花びらに見えるのは萼。花の穂をほぐして赤飯に見立てる遊びから別名アカノマンマ。

ハコベ

春の七草の1つ。5枚の花弁は深くさけて10枚に見える。学名のステラは星という意味。円内は実とタネ。

ヒメジョオン

タンポポと同じくキク科の雑草。多数の小花が集まって1つの頭花をつくっている。

カタバミ

3つのハート型の葉もかわいい小さな草。葉が赤みがかる株は花の中心も赤い。

おわりに

epilogue

この本は、ＮＨＫ「趣味の園芸」テキストの連載エッセイ「道草ウォッチング・植物のデザインを考える」（２０２０年４月号〜２０２２年３月号）に、新規の写真や植物学の基礎を解説した書きおろし付録も加え、全体的に加筆・再編集したものです。

この連載は、植物にみられるデザイン、つまり色やつくりや特性を取り上げ、その背景にある生態的な役割や戦略を考えようということでスタートしました。赤い新芽、花の形、トゲ、毒など季節に合わせたテーマを設定し、身近な植物の観察を基本として、やさしくかつ科学的に解説を加えました。選りすぐりの写真を大きくレイアウトしたので、季節感の溢れるきれいな連載になりました。

ふつう植物の本というと、種ごとに解説を書くことが多いのですが、この本は違います。さまざまな植物に見られる共通性をいうなれば太い横糸に、個々の植物を縦糸として、植物のふしぎをタペストリーに織り込んだような形になっています。ところどころにきらきらと植物の魅力も光っています。なーんて自画自賛ですね。

皆様にうれしいご報告があります。長年の執筆活動や観察会、ラジオやテレビへの出演および大学教育における植物学の普及への貢献が認められ、2021年度に松下幸之助記念志財団より松下正治記念賞、2022年度には日本植物学会より特別賞を授与されました。これからもがんばって書きますね！

私は植物が大好きです。植物もいつも私に語りかけてきます。たとえば赤い実は種子を果肉の奥に隠して「食べてね」と言っているし、花は美しい衣装や香りをまとって「来てね」と誘惑しています。そうした植物の声が聞こえてくると、野山も街もぐっと美しく輝きます。この本を通じて皆さんにも声が伝わればうれしいです。

単行本化に際し写真の一部を、私の大切な仲間であり植物研究家である田中肇さん、北村治さん、山田隆彦さん（日本植物友の会・副会長）にお借りしました。どうもありがとうございました。楽しいイラストを描いてくださった楢崎義信さん、NHK出版の上野紗紀子さん、宮川礼之さんに感謝申し上げます。

日本は豊かな自然と生物多様性に恵まれ、人は自然と共存して暮らしてきました。しかし近年は自然破壊や温暖化が進み、生態系のバランスも崩れかけています。野生植物のじつに4分の1は絶滅が危ぶまれる一方で、シカやイノシシは増え過ぎ、食害の影響が人にも自然にも及んでいます。問題解決のためには、私たち一人一人が自然や植物の生き方を科学的に理解し、力を合わせることが必要です。

道草から芽生えるみなさんの興味が大木に育つことを期待しています。

道草ワンダーランド

まちなか植物は こうして 生きている

文・写真

多田多恵子

ただ・たえこ／東京都生まれ。東京大学大学院博士課程修了、理学博士。現在、立教大学、国際基督教大学、東京農工大学非常勤講師。専門分野は植物の生存戦略および虫や動物との相互関係。自然観察会や書籍の出版、NHKラジオ「子ども科学電話相談」、NHKテレビ「趣味どきっ！『道草さんぽ』」への出演など、広く啓蒙活動にも力を注いでいる。植物の科学的な知識の普及に貢献した功績により、2021年松下幸之助記念志財団より第29回松下正治記念賞、2022年度日本植物学会特別賞を受賞。著書に『美しき小さな雑草の花図鑑』（山と溪谷社）』、『したたかな植物たち（春夏篇／秋冬篇）』（ちくま文庫）、『図鑑NEO 花』（小学館）など多数。

アートディレクション／岡本一宣
デザイン／小埜田尚子、小泉 桜、
久保田真衣（O.I.G.D.C.）
写真協力／伊藤善規、北村 治、田中 肇、田中雅也、
山田隆彦
イラスト／楢崎義信
DTP／ドルフィン
校正／本間和枝、東京出版サービスセンター
企画・編集／宮川礼之（NHK出版）

2023年2月20日 第1刷発行

著者／多田多恵子

発行者／土井成紀
発行所／NHK出版
〒150-0042
東京都渋谷区宇田川町10-3
電話／0570-009-321（問い合わせ）
0570-000-321（注文）
ホームページ／https://www.nhk-book.co.jp
印刷・製本／凸版印刷

Printed in Japan
ISBN978-4-14-040305-1 C2061